DEN KLIMAWANDEL VERSTEHEN

Harald Lesch · Cecilia Scorza · Katharina Theis-Bröhl

DEN KLIMAWANDEL VERSTEHEN
- mit Sketchnotes -

Springer

Prof. Dr. Harald Lesch
Universitätssternwarte
Ludwig-Maximilians-Universität München
München

Dr. Cecilia Scorza
Fakultät für Physik
Ludwig-Maximilians-Universität
München

Prof. Dr. Katharina Theis-Bröhl
Hochschule Bremerhaven
Bremerhaven

ISBN 978-3-662-62803-4   ISBN 978-3-662-62804-1 (eBook)
https://doi.org/10.1007/978-3-662-62804-1

Die Deutsche Nationalbibliothek verzeichnet diese Publikation in der Deutschen Nationalbibliografie;
detaillierte bibliografische Daten sind im Internet über http://dnb.d-nb.de abrufbar.

Planung/Lektorat: Dr. Lisa Edelhäuser
Projektmanagement: Bianca Alton
Einbandgestaltung: deblik Berlin, unter Verwendung einer Sketchnote von Katharina Theis-Bröhl
Grafik, Satz und Layout: Judith Bröhl-August

Klimaneutraler Druck (CO_2-neutral) mit umweltfreundlichen Druckfarben zertifiziert nach dem Cradle-to-Cradle-Standard (mineralöl- und kobaltfrei, alkoholfreier Druck)

Springer ist Teil der eingetragenen Gesellschaft Springer-Verlag GmbH, DE und ist ein Teil von Springer Nature.
Die Anschrift der Gesellschaft ist: Heidelberger Platz 3, 14187 Berlin, Germany

VORWORT

Die Existenz der Klimakrise ist eine Tatsache, die die Wissenschaft schon lange vorhergesagt hat, und die mittlerweile in Politik und Gesellschaft akzeptiert ist. Wir beginnen bereits, ihre Auswirkungen am eigenen Leib zu spüren, seien es Hitze- und Dürreperioden, vermehrte Waldbrände, Stürme und Starkregen oder das Abschmelzen der Gebirgsgletscher. Darum ist es wichtig, endlich zu handeln, sich hierbei aber auch mit den Ursachen und Folgen auseinanderzusetzen, denn nur das Verständnis der Prozesse, die den Klimawandel antreiben, führt zu Einsicht und resultiert in Handlungen.

Dieses Buch soll dazu beitragen, die Ursachen und Folgen des Klimawandels zu verstehen. Es richtet sich an alle, die sich mehr Wissen zu diesem Thema aneignen möchten. Der Inhalt ist im Sketchnotesstil erstellt und zielt darauf ab, komplexe Zusammenhänge einfach und verständlich zu erklären.

Was sind Sketchnotes, und warum ein Sketchnote-Klimabuch? Gedanken bestehen nicht nur aus Worten, sondern auch aus Bildern. Deshalb kann unser Gehirn visuelle Informationen gut erfassen und sich einprägen. Hier kommen Sketchnotes ins Spiel: Sie kombinieren Skizzen und Notizen. Dabei wird die schriftliche Information auf das Wesentliche reduziert und durch geeignete Visualisierungen ergänzt. Es geht nicht darum, Kunst zu schaffen, sondern den Inhalt zeichnerisch zu unterstützen und Anker im Kopf zu setzen.

Der Auslöser für Katharina Theis-Bröhl, sich intensiver mit dem Thema Klimawandel zu beschäftigen, war das Video „Die Menschheit schafft sich ab" von Harald Lesch. Sie war sehr bewegt von diesem Vortrag und verarbeitete dessen Inhalt in einer Sketchnote, die sie auf Twitter® teilte. So kam der Kontakt zu Cecilia Scorza und ihrem Team an der Ludwig-Maximilians-Universität München zustande, die an einem Handbuch für Schulen mit dem Titel: „Der Klimawandel: verstehen und handeln" arbeitete.

Das Ergebnis dieses Austauschs und der anschließenden Zusammenarbeit ist dieses Buch, das zunächst die Besonderheit unserer Erde beschreibt. Es zeigt, wie einzigartig die Lage unserer Erde in unserer Galaxie und in unserem Sonnensystem ist, und verdeutlicht die Bedingungen, die Leben auf der Erde überhaupt erst ermöglichen. Es erklärt den Treibhauseffekt, ohne den die Erde eine Eiskugel wäre. Auch die Bestandteile des Klimasystems der Erde werden erläutert. Der Unterschied zwischen Wetter und Klima wird gezeigt. Und es erklärt den menschengemachten Klimawandel und seine Ursachen und Auswirkungen und fragt, was wir tun können, um ihn abzumildern, sowohl als Menschheit als auch als Einzelperson.

Jedes Buchkapitel startet mit einem einleitenden Text, eingebettet in eine Zeichnung. Danach behandelt jeweils eine Doppelseite ein Thema, links im Sketchnotestil, rechts als Text. Die Texte stammen zum größten Teil aus der Feder von Cecilia Scorza und Harald Lesch. Auf der Sketchnoteseite sind an den Textblöcken visuelle Symbole, sogenannte Bildanker, angefügt. Jede Überschrift auf der Textseite besitzt ebenfalls einen visuellen Anker, den man auch im Inhaltsverzeichnis wiederfindet, und jedes Kapitel hat eine eigene Hintergrundfarbe.

Das Inhaltsverzeichnis ist etwas anders gestaltet als gewohnt. Jede Doppelseite ist mit Überschrift, Ankersymbol und Seitenangabe auf einem „Post-it" dargestellt, dessen umgeknickte Ecke die Hintergrundfarbe des Kapitels verrät. So lässt sich leicht im Buch navigieren.

Wir sind vielen Personen zu Dank verpflichtet, die uns bestärkt und unterstützt haben, dieses Buch zu erstellen.

Großer Dank geht an Lisa Edelhäuser, unsere wunderbare Lektorin, die uns während des Prozesses einfühlsam und klug begleitet hat und immer wertvolle Tipps parat hatte.

Besonderer Dank geht an Peter Lemke vom Alfred-Wegener-Institut Bremerhaven, der sich schon bei der Ideenfindung zum Buch viel Zeit für Diskussionen genommen hat. Er hat das Buch einer gründlichen finalen inhaltlichen und textlichen Überarbeitung unterzogen, eine unschätzbare Hilfe.

Mehreren Mitgliedern aus dem Koordinationsteam der Scientists for Future und der Regionalgruppe Bremen gilt ebenfalls großer Dank. Die Klimawissenschaftlerin Zora Zittier hat uns besonders zu Beginn des Entstehungsprozesses großartig unterstützt und die Texte in den Sketchnoteseiten geprüft und korrigiert. Der Meteorologe Franz Ossing hat das Buch während des gesamten Entstehungsprozesses begleitet und in mehrfachen Runden immer wieder Fehler korrigiert und wertvolle Kommentare abgegeben. Manuela Troschke hatte als Volkswirtin einen etwas anderen Blick auf das Buch. Nicht vergessen möchten wir Anja Köhne, die uns mit ihrer langjährigen Erfahrung in der Umwelt- und Klimapolitik immer wieder beratend zur Seite stand. Wir danken nicht zuletzt Maja Göpel, deren wunderbares Buch „Unsere Welt neu denken" als Inspiration für das letzte Kapitel, den Zukunftsblick, diente.

Kollegialer Dank gilt auch den vielen Sketchnotern und Kreativen, deren Arbeiten Katharina Theis-Bröhl inspirieren. Besonders erwähnt werden soll an dieser Stelle die amerikanische Illustratorin und Freundin Melinda Walker, deren Sketchnotes und Graphic Recordings den Stil von Katharina Theis-Bröhl mitgeprägt haben. Auch die wunderbaren Bücher von Rachel Ignotofsky mit ihren tollen Zeichnungen waren ein Quell der Inspiration. Beide Künstler sind den Lesern dieses Buches ans Herz gelegt.

Auch den Sketchnotern vor Ort gilt ganz besonderer Dank. Jutta Korth aus Hamburg, die Sketchnotes im Bildungsbereich einsetzt, hat das Buch als Sketchnoterin kritisch analysiert. Dank gilt auch den Mitgliedern der LernOS-Gruppe von Katharina Theis-Bröhl, Annelies Vandersickel und Sandra Reithmayr. Diese haben über Monate für Diskussionen über die Sketchnotes zur Verfügung gestanden und durch ihre wundervolle Art die Treffen immer zu einem Ort kreativer Inspiration werden lassen. Nicht zuletzt möchten wir der Designerin und Studienfreundin von Judith Bröhl-August, Stephanie Ebbert, danken, die das Buch ebenfalls einem kritischen künstlerischen Blick unterzogen hat.

DIE AUTOREN

Harald Lesch ist Professor für Astrophysik an der Ludwig- Maximilians-Universität München, Naturphilosoph, Wissenschaftsjournalist und Fernsehmoderator. Der Kampf gegen den Klimawandel ist sein ganz besonderes Anliegen, dem er sich schon in mehreren Büchern gewidmet hat. „Den Klimawandel mit Sketchnotes zu erklären finde ich besonders gelungen!"

Cecilia Scorza ist promovierte Astrophysikerin. Sie koordiniert die Öffentlichkeitsarbeit und Schulkontakte der Fakultät für Physik der Ludwig-Maximilians-Universität München. Als Astronomin weißt sie, wie viele Ereignisse zusammenkommen mussten, damit ein bewohnbarer Planet wie die Erde entstehen konnte. Sie möchte deshalb zu ihrem Schutz beitragen. Zusammen mit Harald Lesch steuerte sie die meisten Texte zu diesem Buch bei.

Katharina Theis-Bröhl ist Professorin für Physik an der Hochschule Bremerhavenund engagiert sich bei den Scientists for Future. Sie nutzt Sketchnotes seit 2015. In liebevoller Detailarbeit hat sie die wichtigsten Informationen auf den Sketchnoteseiten visuell umgesetzt. Ihre Tochter und diplomierte Designerin, Judith Bröhl-August, betreute die Gestaltung der Sketchnotes aus grafischer Sicht und übernahm das Layout für das Buch.

Inhalt

Inhalt

Inhalt

Inhalt

1. WIE BESONDERS IST DIE ERDE?

Die Erde ist der einzige Planet im Sonnensystem, auf dem sich komplexes Leben über Milliarden von Jahren hinweg entwickelt und erhalten hat. Von den 4000 Exoplaneten, die bisher außerhalb des Sonnensystems entdeckt wurden, gelten nur ganz wenige als potenziell lebensfreundlich.

Das bedeutet, dass Planeten, auf denen Leben möglich erscheint, selten sind und ganz besondere Eigenschaften besitzen. Es müssen viele Ereignisse zusammenkommen, damit ein Planet wie die Erde entstehen kann. Das zeigt, wie besonders unser Heimatplanet ist.

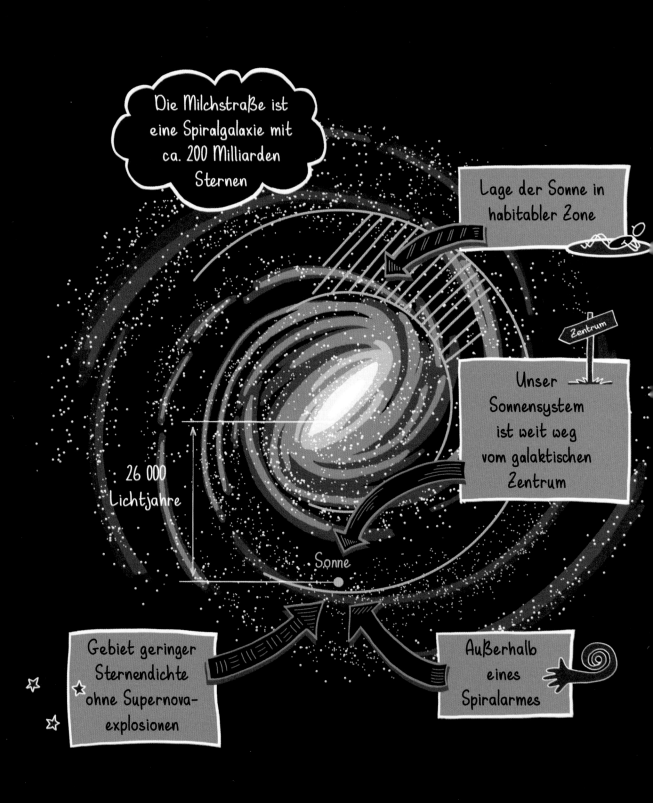

RUHIGE LAGE IN DER GALAXIS

Unsere Heimatgalaxie, die Milchstraße, ist eine große Spiralgalaxie mit einer Ausdehnung von 100.000 Lichtjahren. Sie besteht aus Gas- und Staubwolken und beherbergt um die 200 Milliarden Sterne, viele konzentriert im zentralen Bereich der Galaxis, aber auch verteilt entlang ihrer vier Spiralarme. Viele dieser Sterne werden von Planeten umkreist.

Der für die Erde wichtigste Stern, die Sonne, befindet sich in einer ruhigen Region der Milchstraße, ca. 30.000 Lichtjahre vom galaktischen Zentrum entfernt und leicht außerhalb eines Spiralarmes. Sie ist somit weit entfernt von Sternentstehungsgebieten und damit außer Reichweite von Supernovaexplosionen, die mit ihrer Gammastrahlung kein Leben auf der Erde zulassen würden.

Andererseits befindet sich die Sonne in einer Region, in der genügend Elemente zu finden sind, die schwerer als Helium sind, wie zum Beispiel Kohlenstoff, Silizium, Sauerstoff oder Magnesium. Damit sind alle wichtigen Bausteine für die Bildung von Planeten und für das Leben vorhanden. Die Milchstraße ist so groß, dass die Sonne für eine Umdrehung um das galaktische Zentrum 250 Millionen Jahre braucht, und das bei einer Geschwindigkeit von 900.000 Kilometern pro Stunde. So groß ist unsere Heimatgalaxie.

DIE ENTSTEHUNG DES SONNENSYSTEMS

Vor 4,7 Milliarden Jahren explodierte ein alter Stern in der Milchstraße, der 25-mal so schwer wie unsere Sonne war, als Supernova. Im Laufe seines Lebens waren im inneren Kern dieses Sterns leichte Wasserstoffkerne zu schwereren chemischen Elementen verschmolzen. Dabei wurden vom Helium bis zum Eisen und dann, während der Explosion selbst, alle restlichen Elemente bis zum Uran gebildet. Aus den Überresten dieser Explosion formte sich eine Gas- und Staubscheibe. Im Zentrum der Scheibe sammelte sich viel Gas, vor allem Wasserstoff. Durch den Druck der Gravitation zog sich diese zentrale Wolke zusammen, und daraus entstand unsere Sonne. Zunächst leuchtete sie schwach, aber sobald der innere Druck zunahm und Kernfusion einsetzte, gewann sie die heutige Leuchtkraft.

Die abgesprengten Hüllen der Supernova enthielten auch Elemente wie Sauerstoff (O), Kohlenstoff (C), Silizium (Si) und Eisen (Fe). Aus deren Atomen bildeten sich Kristalle wie Graphit und Silikate. Aus diesen Kohlenstoff- und Siliziumverbindungen formten sich später erste Staubkörner. Zusammen mit dem vor allem wasserstoffhaltigen Gas umrundeten sie von Anfang an die noch junge Sonne in Form einer Gas- und Staubscheibe.

DIE ENTSTEHUNG DER PLANETEN

Die Staubkörner in der Scheibe um die Sonne hafteten aneinander, verhakten sich und wuchsen so zu immer größeren und flockigen Staubbündeln, die miteinander zusammenstießen. Dabei verwandelte sich die Bewegungsenergie der stoßenden Teilchen in Wärme, das Material wurde weicher, und es formten sich größere Gesteinsbrocken. Die ersten Planetenkerne waren damit entstanden.

In weniger als einer Million Jahren bildeten sich zuerst die Gasplaneten Jupiter, Saturn, Uranus und Neptun. Weit entfernt von der Sonne waren die Temperaturen so niedrig, dass sie sehr schnell große Mengen an kaltem Gas um ihre großen Gesteinskerne binden konnten. Später formten sich die Kerne der Gesteinsplaneten Merkur, Venus, Erde und Mars. Sie sammelten in ca. 100 Millionen Jahren über zahllose Einschläge Material anderer Himmelskörper auf und wuchsen auf Planetengröße an.

Unser Sonnensystem besteht heute aus einem Stern (der Sonne), vier Gesteinsplaneten (Merkur, Venus, Erde und Mars), vier riesigen Gasplaneten (Jupiter, Saturn, Uranus und Neptun), vielen Zwergplaneten (wie Pluto), den Monden der Planeten, vielen Asteroiden und Kometen. Sowohl Asteroide als auch Kometen sind Überbleibsel der Frühgeschichte unseres Sonnensystems und damit seine Urbausteine.

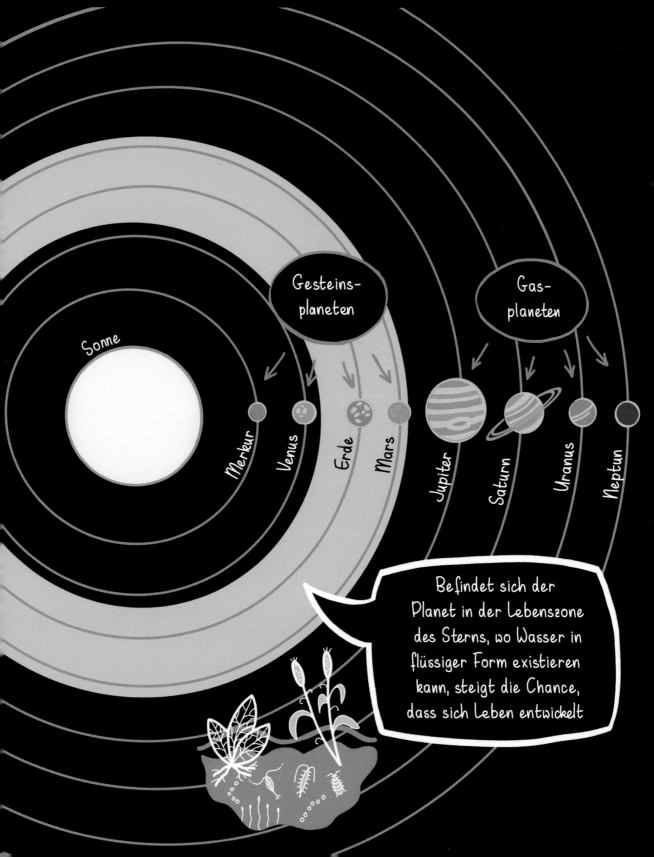

DIE LEBENSZONE DES SONNENSYSTEMS

Um jeden Stern gibt es einen Bereich, in dem Wasser in flüssiger Form existieren kann, die sogenannte Lebenszone. Zu nah am Stern verdunstet das Wasser, zu weit weg bilden sich Eiskristalle, und es gefriert. Befindet sich ein Planet in der Lebenszone eines Sterns, steigert dies die Chance, dass sich Leben, so wie wir es auf der Erde kennen, im Wasser entwickeln kann.

Im Sonnensystem beginnt die Lebenszone hinter der Venus und erstreckt sich bis zum Mars. Die Erde liegt also inmitten dieses Bereiches. Jedoch reicht es nicht aus, dass sich ein Planet in der Lebenszone eines Sterns befindet, er muss auch genügend Masse haben, um eine Atmosphäre halten zu können. Wenn sich beispielsweise Merkur an der Stelle der Erde befinden würde, hätte er nicht genügend Anziehungskraft, um den nötigen atmosphärischen Druck zu erzeugen, der es erlaubt, dass Wasser in flüssiger Form auf seiner Oberfläche bleibt.

Damit sich Leben auf einem Planeten mit ähnlicher Masse wie der Erde entwickeln kann, werden (a) eine Energiequelle (z.B. ein Stern), (b) organische chemische Verbindungen, basierend auf Kohlenstoff, und (c) flüssiges Wasser, in dem sich langkettige Moleküle aus Kohlenstoff bilden können, benötigt. Wie wir jedoch noch sehen werden, kamen im Fall der Erde noch weitere Ereignisse zusammen, die für die Bewohnbarkeit der Erde sehr wichtig waren.

Man geht davon aus, dass der Mond vor 4,5 Milliarden Jahren durch die Kollision der Erde mit dem Protoplaneten Theia entstand

Vor der Kollision benötigte die Erde nur 4 bis 5 Stunden für eine Umdrehung

Dadurch fegte die Atmosphäre mit 500 km/h über die Erdoberfläche

Die Anwesenheit des Mondes verlangsamte die Drehbewegung der Erde auf angenehme 24 Stunden pro Umdrehung

Auch die Erdachse, die vorher taumelte, stabilisierte sich und ist heute in einem Winkel von 23,5° zur Ekliptik geneigt. Dadurch entstanden die Jahreszeiten

WIE DER MOND DIE ERDE LEBENSFREUNDLICH MACHTE

Aufgrund der Analyse von Mondgesteinsproben und der großen Ähnlichkeit zwischen Erd- und Mondmaterial gilt als höchstwahrscheinlich, dass vor ca. 4,5 Milliarden Jahren ein Protoplanet namens Theia mit der Erde kollidierte. Theia war doppelt so schwer wie der Mars. Da beide, Erde und Theia, heiß und dickflüssig waren, vermischte sich ihre Materie, und große Mengen davon wurden ins All geschleudert.

Nach dem heftigen Zusammenprall vereinigte sich binnen Tagen ein großer Teil der abgeschlagenen Materie zu einer Kugel, die in einer Umlaufbahn die Erde umkreiste – der Mond war geboren.

Vor dieser Kollision benötigte die Erde nur vier bis fünf Stunden für eine Umdrehung, und ihre Drehachse taumelte hin und her. Auf einer Erde, die sich so schnell dreht, würden Winde mit bis zu 500 Kilometern pro Stunde über die Oberfläche hinwegfegen. Erst die Anwesenheit unseres Trabanten verlangsamte die Drehbewegung der Erde auf die heutigen 24 Stunden für eine Umdrehung. Auch die Drehachse wurde durch den Mond stabilisiert und ist heute in einem Winkel von 23,5° zur Ekliptik geneigt. Diese Neigung verursacht die Jahreszeiten, reduziert erheblich Wetterschwankungen und sorgt für ein gemäßigtes Erdklima. Der Mond machte aus der Erde einen lebensfreundlicheren Planeten.

Viele Planeten haben ein schwaches permanentes Magnetfeld

Ohne den Schutz durch das Magnetfeld wäre die Erdoberfläche dem Sonnenwind mit seinen hochenergetischen Teilchen schutzlos ausgeliefert

Die Erde hat jedoch ein dynamisches Magnetfeld, welches durch Prozesse im Erdinneren aufrecht-erhalten wird

Wahrscheinlich versank der Eisenkern von Theia beim Zusammenprall komplett im Inneren der Erde

Theia ist demzufolge verantwortlich für die Hitze im Erdinneren und den Aufbau des Erdmagnetfeldes

DAS MAGNETFELD DER ERDE:
IHR SCHUTZSCHILD

Viele Planeten des Sonnensystems haben ein schwaches permanentes Magnetfeld. Die Erde dagegen besitzt ein dynamisches, starkes Magnetfeld, das durch Prozesse im Erdinneren aufrechterhalten wird. Dabei lässt die Hitze im Zentrum der Erde mehrere Tausend Grad heißen und eisenhaltigen Gesteinsbrei in Richtung Erdoberfläche aufsteigen. Dieser kühlt dabei ab, sinkt wieder und wird von der Rotation der Erde auf Schraubenbahnen gezwungen. Da Eisen negativ geladen ist, wird ein Strom erzeugt, der wiederum ein Magnetfeld bildet.

Warum besitzt ausgerechnet die Erde ein so starkes und dynamisches Magnetfeld? Höchstwahrscheinlich spielt die Einschlagsenergie des Protoplaneten Theia hierbei eine wichtige Rolle. Sein Eisenkern versank beim Zusammenprall praktisch komplett im Zentrum der Erde. Damit ist er mitverantwortlich für die Hitze im Erdinneren und ermöglicht den Aufbau eines magnetischen Feldes.

Ohne diesen Schutzschild wäre die Erdoberfläche dem Sonnenwind schutzlos ausgeliefert. Dieser besteht aus hochenergetischen geladenen Teilchen, die Moleküle zerstören können und den Aufbau von komplexeren Lebewesen unmöglich machen.

Alle Gesteinsplaneten waren aufgrund vieler Kollisionen am Anfang glühend heiß

Als die Planeten abkühlten, waren sie deshalb sehr trocken

Einige Asteroiden schlugen auf die Gesteinsplaneten ein und brachten ihnen so das Wasser

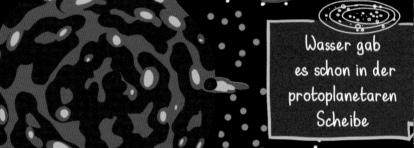

Wasser gab es schon in der protoplanetaren Scheibe

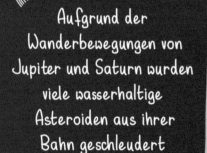

Aufgrund der Wanderbewegungen von Jupiter und Saturn wurden viele wasserhaltige Asteroiden aus ihrer Bahn geschleudert

Das Wasser sammelte sich in Form von Eis in Asteroiden und Kometen

WIE KAM WASSER AUF DIE PLANETEN?

Die Erde, wie alle inneren Planeten, war am Anfang eine glühende Kugel aus verschmolzenem Gestein. Immer wieder wurde ihre Oberfläche von Asteroiden getroffen. Durch den Zusammenprall blieb ihre Temperatur sehr hoch, über 5000 °C. Einmal abgekühlt, waren die Planeten deshalb trocken. Aber woher kam dann das Wasser?

Wasser kam bereits in der protoplanetaren Scheibe vor. Das kostbare Element sammelte sich in Form von Eis in entlegenen Gebieten jenseits der Marsbahn an (näher an der Sonne wäre es verdunstet), unter anderem in porösen Asteroiden und Kometen. Aufgrund von Bewegungen der Gasriesen Jupiter und Saturn wurden viele wasserhaltige Asteroiden aus ihren Bahnen herauskatapultiert. Viele wurden von der Sonne angezogen, schlugen auf der Oberfläche der inneren Gesteinsplaneten ein und brachten ihnen so das Wasser, das sich zuerst als Wasserdampf in den Atmosphären der Planeten sammelte. Dort mischte es sich mit Kohlendioxid, Stickstoff und Spuren von Methan, Ammoniak und Kohlenmonoxid. Diese Elemente der Uratmosphäre stammten aus der Gasmischung der protostellaren Scheibe, die durch die Anziehungskraft an der Oberfläche der Planeten haftete, sowie aus Ausgasungen der Gesteine, eingeschlagenen Kometen und Vulkanen.

NUR DIE ERDE BEHIELT
IHR WASSER

Aufgrund ihrer Masse und des Sonnenabstandes liefen die Entwicklungen der inneren Planeten auseinander. Wegen seiner Nähe zur Sonne und seiner kleinen Masse blieb Merkur trocken. Die Planeten Venus, Erde und Mars konnten mehr Gase an der Oberfläche binden.

Bedingt durch die Nähe zur Sonne wurde der Wasserdampf (H_2O) in der Venusatmosphäre von der UV-Strahlung der Sonne gespalten, und die flüchtige Wasserstoffkomponente (H_2) entwich ins All. Nur das schwere Kohlenstoffdioxid (CO_2) blieb in ihrer Atmosphäre zurück. Heute ist die Atmosphäre der Venus eine heiße Hölle mit mehr als 480 °C und einem atmosphärischen Druck, der 100-mal höher ist als der der Erde.

Der Mars konnte aufgrund seiner zu kleinen Masse und Anziehungskraft weniger Wasserdampf halten. Heute findet man auf seinen Polkappen Wasser in Eisform, das jedoch wegen des niedrigen atmosphärischen Drucks bei 0 °C von fest zu gasförmig übergeht (Sublimation). Sonst ist der Mars ein Wüstenplanet, der wahrscheinlich einmal in einer sehr kurzen Phase seiner Geschichte flüssiges Wasser besaß.

Nur auf der Erde blieb genügend Wasserdampf in der Atmosphäre enthalten.

DAS WASSER AUF
DER ERDE

Im Laufe der Zeit sammelte sich auf der Urerde immer mehr Wasserdampf in der Atmosphäre an. Dadurch erhöhte sich der atmosphärische Druck, und als die Erdoberfläche abkühlte, fiel zum ersten Mal Wasser als Regen auf die Erde. So entstanden Flüsse, Meere und Ozeane.

Große Mengen an Kohlendioxid (CO_2) wurden aus der Luft vom Regen ausgespült, im Meerwasser gelöst und durch die Kalkschalen abgestorbener Meeresorganismen auf dem Meeresboden in Form von Kalkgestein abgelagert. So hat der Regen die Atmosphäre der Erde, die durch die Treibhausgase Wasserdampf und Kohlenstoffdioxid wesentlich wärmer war, lebensfreundlicher gemacht. Es regnete hierbei schätzungsweise 40.000 Jahre lang.

Vor 3,8 Milliarden Jahren entstanden am Meeresgrund um Weiße Raucher (alkalische hydrothermale Quellen) herum die ersten Lebensformen, zuerst nur als Einzeller, unter ihnen die Cyanobakterien. Diese waren später, vor ca. 2,7 Milliarden Jahren, die ersten Lebewesen, die eine Fotosynthese durchführten. Dabei wurde Sauerstoff produziert und freigesetzt.

Als dann vor ca. 500 Millionen Jahren die Pflanzen an Land gingen und begannen, weiteres CO_2 aufzunehmen und es über Fotosynthese in Sauerstoff umzuwandeln, bildete sich eine Ozonschicht in der Atmosphäre, welche die Erdoberfläche vor UV- Strahlung schützt – eine wichtige Voraussetzung für die biologische Vielfalt auf der Erde.

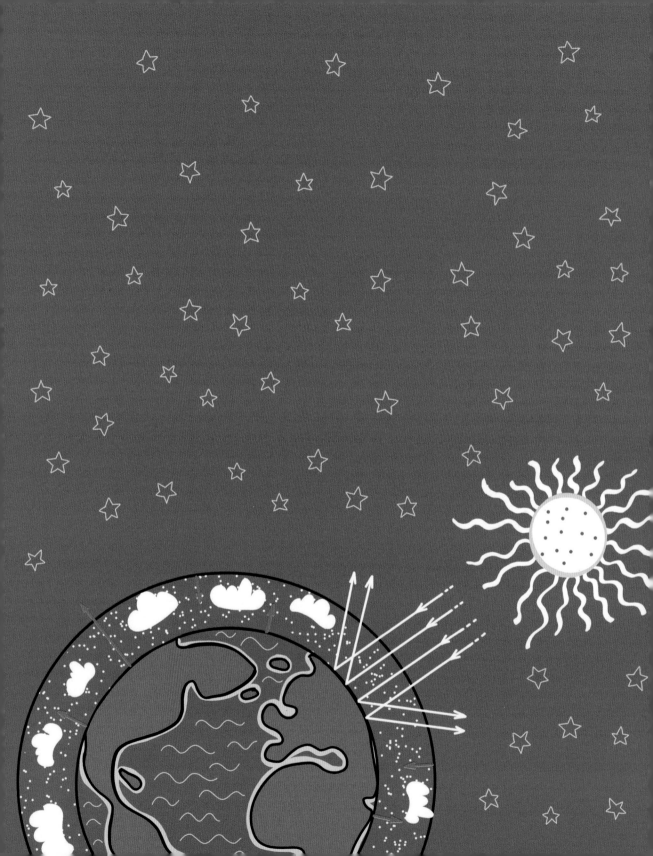

2. DEN TREIBHAUSEFFEKT VERSTEHEN

Unser Planet wird von der Sonne bestrahlt und erhält dadurch Energie. Wie viel Energie er von der Sonne bekommt, wird durch die Entfernung der Erde von der Sonne bestimmt. Unsere Erde wäre allerdings eine Eiskugel mit einer Temperatur von -18 °C, wenn sie keine Atmosphäre hätte. Deren Zusammensetzung spielt eine Schlüsselrolle für den Treibhauseffekt, durch den die Erde bewohnbar wird.

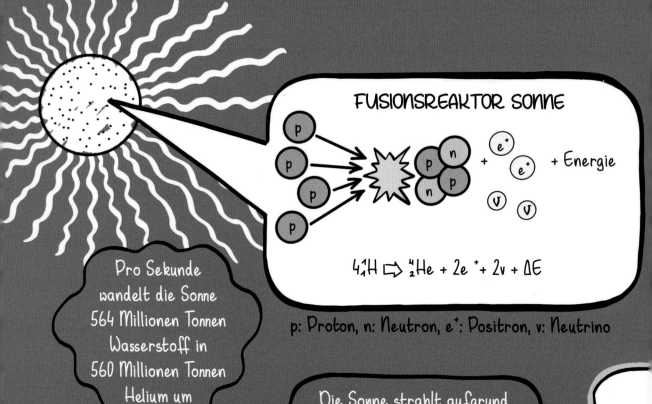

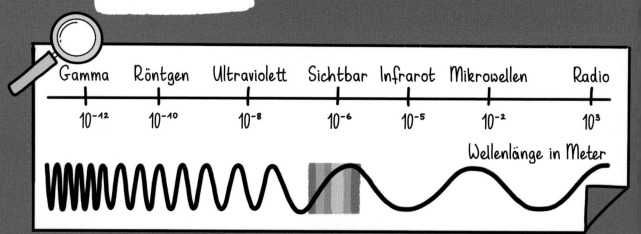

DIE SONNE ALS ENERGIEQUELLE

Wie alle Sterne ist unsere Sonne ein selbstleuchtender Himmelskörper. Er besteht aus sehr heißem, ionisiertem Gas, dem sogenannten Plasma. Durch den hohen Druck der Gasmassen beträgt die Temperatur im inneren Kern der Sonne ca. 15 Millionen °C. Unter diesen hohen Temperaturen findet die Verschmelzung von Atomkernen statt: Vier Wasserstoffkerne fusionieren zu einem Heliumkern. Helium hat allerdings eine geringere Masse (99 %) als die Summe der Massen der vier Wasserstoffkerne. Diese Massendifferenz von ca. 0,7 % wird entsprechend Einsteins Gleichung $E = \Delta m \cdot c^2$ in Energie freigesetzt. Die Sonne wandelt also pro Sekunde 564 Millionen Tonnen Wasserstoff in 560 Millionen Tonnen Helium um. 4 Millionen Tonnen davon werden in Energie umgewandelt und abgestrahlt.

Die Strahlung der Sonne besteht aus elektromagnetischen Wellen, die nach ihrer Wellenlänge in Radiowellen, Mikrowellen, Infrarotstrahlung, sichtbares Licht, Ultraviolettstrahlung, Röntgenstrahlung und Gammastrahlung unterteilt sind. Aufgrund ihrer Oberflächentemperatur von knapp 5800 °C gibt unsere Sonne vor allem Licht ab, das für uns sichtbar ist. Diese Strahlung erwärmt unsere Erde.

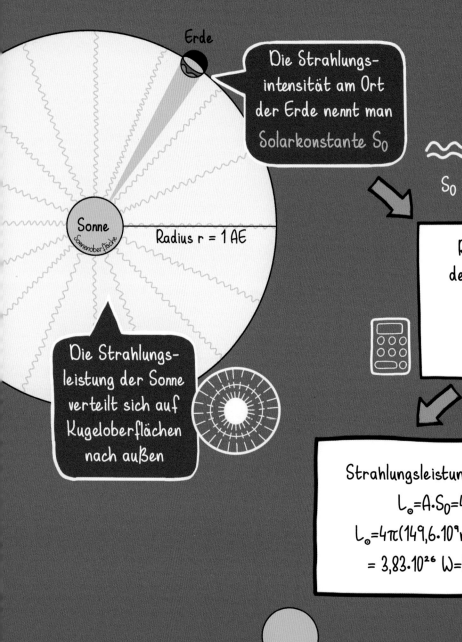

Erde

Die Strahlungs-
intensität am Ort
der Erde nennt man
Solarkonstante S_0

Sonne
Sonnenoberfläche

Radius r = 1 AE

$S_0 = 1361\ W/m^2$

Die Strahlungs-
leistung der Sonne
verteilt sich auf
Kugeloberflächen
nach außen

Radius r der Kugel mit
dem Abstand Erde-Sonne
$r = 1\ AE = 149{,}6 \cdot 10^9\ m$
Kugeloberfläche A
$A = 4\pi r^2$

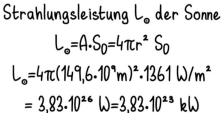

Strahlungsleistung $L_\odot$ der Sonne
$L_\odot = A \cdot S_0 = 4\pi r^2\ S_0$
$L_\odot = 4\pi(149{,}6 \cdot 10^9 m)^2 \cdot 1361\ W/m^2$
$= 3{,}83 \cdot 10^{26}\ W = 3{,}83 \cdot 10^{23}\ kW$

Die kurzwellige
Sonnenstrahlung wird
vom Erdboden als
Infrarotstrahlung
remittiert

WIE VIEL ENERGIE BEKOMMT DIE ERDE VON DER SONNE?

Das Licht der Sonnenkugel wird in alle Richtungen gleichmäßig abgestrahlt. Wie viel davon bei einem Planeten ankommt, hängt von dessen Abstand zur Sonne ab. Unsere Erde ist ca. 150 Millionen Kilometer von der Sonne entfernt und erhält als Strahlungsintensität, die auf ihre Oberfläche senkrecht und ohne den Einfluss der Erdatmosphäre auf der Erde ankommt, 1361 Watt pro Quadratmeter (W/m^2). Diese Größe wird als Solarkonstante S_0 bezeichnet. Mit ihr kann man die gesamte Strahlungsleistung oder Leuchtkraft der Sonne, $L_\odot$, berechnen, wobei man eine Kugel um die Sonne legt, die die gesamte Strahlung der Sonne umschließt und deren Radius r der Entfernung Erde und Sonne entspricht. Diese Strecke bezeichnet man auch als eine Astronomischen Einheit (1 AE). Damit ergibt sich die Leuchtkraft der Sonne $L_\odot$, indem man die Fläche der Kugel $A = 4\pi r^2$ mit der Solarkonstante S_0 multipliziert.

Der Energietransport von der Sonne zur Erde findet über elektromagnetische Strahlung statt. Im sichtbaren Spektralbereich, das heißt im Wellenlängenbereich von 400 bis 750 Nanometern (nm), absorbieren die Gase der Atmosphäre die Sonnenstrahlung nur wenig. Diese sichtbare kurzwellige Sonnenstrahlung erreicht daher zum größten Teil den Erdboden, wird dort zum Teil absorbiert und erwärmt die Erdoberfläche. Die warme Erde strahlt diese aufgenommene Energie als nicht sichtbare langwellige Infrarotstrahlung (Wärmestrahlung) in Richtung Weltall zurück.

1. STRAHLUNGS-GLEICHGEWICHT

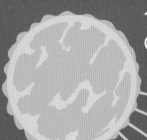

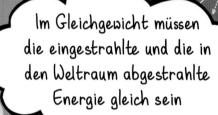

Abgestrahlt: 340 W/m²

Eingestrahlt: 340 W/m²

Im Gleichgewicht müssen die eingestrahlte und die in den Weltraum abgestrahlte Energie gleich sein

2. VERTEILUNG DER STRAHLUNG

Die Erde nimmt Strahlungsleistung auf ihrer Projektionsfläche auf
$$L_{Erde} = S_0 \cdot \pi r^2_{Erde} = 1{,}735 \cdot 10^{17} \, W$$

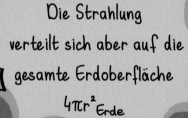

Die Strahlung verteilt sich aber auf die gesamte Erdoberfläche
$$4\pi r^2_{Erde}$$

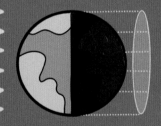

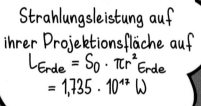

Deshalb ist die mittlere Strahlungsintensität auf der Erde
$$I_{Sonne} = S_0/4 = 340 \, W/m^2$$

DIE ERDE IM STRAHLUNGS-GLEICHGEWICHT

Im langjährigen Mittel entspricht die Energie, die die Erde von der Sonne aufnimmt, genau der Energie, die von der Erde zurück in den Weltraum abgestrahlt wird. Die Erde befindet sich somit mit ihrer Umgebung im Strahlungsgleichgewicht.

Alle Planeten des Sonnensystems befinden sich im Strahlungsgleichgewicht mit ihrer Umgebung. Je nach Abstand von der Sonne ist jedoch die Strahlungsintensität, die sie erreicht, unterschiedlich.

Wie wir bereits wissen, beträgt die Strahlungsintensität der Sonne auf der Erde $S_0 = 1361\ \text{W/m}^2$. Da die Erde sich um ihre Achse dreht, wird nicht die komplette Erdkugel, sondern nur eine Halbkugel von der Sonne bestrahlt. Die andere Halbkugel liegt derweil im Dunkeln (dort ist Nacht). Darüber hinaus wird die Erde zu den Polen hin zunehmend flacher bestrahlt. Im Mittel verteilt sich die Intensität der Sonnenstrahlung auf die gesamte Erdoberfläche ($O = 4\pi r^2_{\text{Erde}}$). Die Intensität der Solarkonstante wirkt jedoch nur auf die Querschnittsfläche der Erde ($Q = \pi r^2_{\text{Erde}}$). Dies ist genau 1/4. Somit ergibt sich für die mittlere Intensität der Sonnenstrahlung auf die Erde

$$I_{\text{Sonne}} = (1361/4)\ \text{W/m}^2 = 340\ \text{W/m}^2.$$

Stefan-Boltzmann-Gesetz

I in W/m²

1200, 1000, 800, 600, 400, 200, 0

T^4

T in °C: -240 -200 -160 -120 -80 -40 0 40 80 120

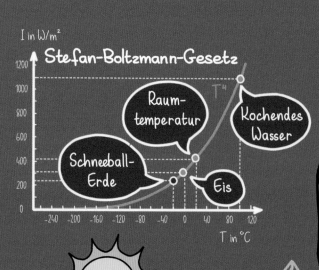

Raumtemperatur

Kochendes Wasser

Schneeball-Erde

Eis

Albedo α: Rückstrahlvermögen von Oberflächen

Reflexion
30 % der Strahlung werden wieder ins All reflektiert: α = 0,3

100 %

30 %

340 W/m²

101 W/m²

239 W/m²

Erde

Das Maximum des Energietransports von der Sonne zur Erde liegt im Bereich der sichtbaren Strahlung

Die Erde strahlt die aufgenommene Energie als nicht sichtbare Infrarotstrahlung in Richtung Weltall zurück

Die Temperatur berechnet man nach dem Stefan-Boltzmann-Gesetz

Diese relativ kurzwellige Strahlung wird von der Atmosphäre nur wenig absorbiert und erwärmt die Erdoberfläche

Temperaturberechnung

$$T = \sqrt[4]{(1-\alpha)\, I_{Sonne} / \sigma}$$
$$= 255\,K = -18\,°C$$

DIE TEMPERATUR EINER ERDE OHNE ATMOSPHÄRE

Im Strahlungsgleichgewicht lässt sich die mittlere Temperatur der Erdoberfläche mit dem Stefan-Boltzmann-Gesetz, $I = \sigma \cdot T^4$, abschätzen. Dieses Gesetz beschreibt, welche Strahlungsintensität I (in Watt pro Quadratmeter) ein Körper bei einer bestimmten Temperatur T abgibt. Dieses Gesetzt gilt für die Temperatur in Kelvin (K). Das Gesetz kann grafisch dargestellt werden. Bei bekannter Temperatur kann man die Strahlungsintensität eines Körpers berechnen oder umgekehrt aus einer bekannten Strahlungsintensität auf seine Temperatur schließen. Kochendes Wasser hat eine Temperatur von 100 °C, strahlt in die Umgebung I = 1100 W/m². Die Raumtemperatur beträgt 20 °C, was I = 410 W/m² entspricht, und bei einer Temperatur von 0 °C strahlt selbst Eis 310 W/m² in seine Umgebung ab.

Wir betrachten zuerst eine Erde ohne Atmosphäre. Von den auf die Erde eingestrahlten 340 W/m² werden 29,65 % der Sonnenstrahlung durch weiße Flächen direkt ins All reflektiert ($I_{ref} = (1-\alpha)\,I_{Sonne} = 101$ W/m²). Dieses Rückstrahlvermögen von Oberflächen nennt man Albedo α. Die Erdoberfläche absorbiert also die geringere Intensität: $I_{Sonne \to E} = (1-\alpha) \cdot I_{Sonne} = 0{,}7025 \cdot 340\,\frac{W}{m^2} = 239\,\frac{W}{m^2}$. Da sich diese Felsenerde im Strahlungsgleichgewicht befindet, gilt: $I_{Sonne \to E.} = I_{Erdob.}$. Die Stefan-Boltzmann-Gleichung wird dann nach der Temperatur T aufgelöst:

$$T = \sqrt[4]{\frac{(1-\alpha) \cdot I_{Sonne}}{\sigma}} = \sqrt[4]{\frac{239\,\frac{W}{m^2}}{5{,}67 \cdot 10^{-8}\,\frac{W}{m^2 K^4}}} = 255\,K = -18\,°C$$

Auf einer Erde ohne Atmosphäre würde eine mittlere Temperatur von −18 °C herrschen.

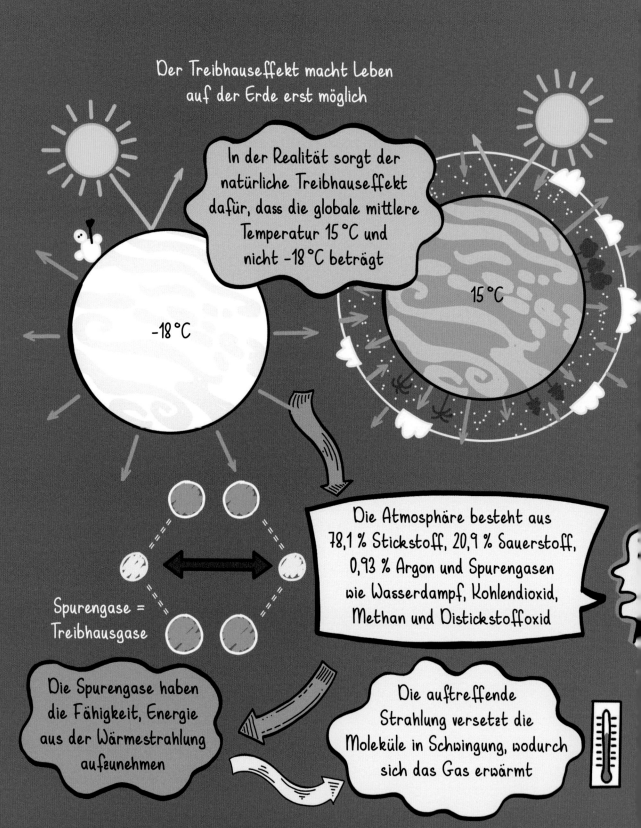

DIE ROLLE DER ATMOSPHÄRE

Ohne Atmosphäre wäre die Erde also eine Eiskugel mit einer mittleren Temperatur von −18 °C. Leben hätte sich in der bekannten Form nie auf unserem Planeten entwickeln können.

Glücklicherweise besitzt die Erde jedoch eine Atmosphäre. Diese besteht zu 78,1 % aus Stickstoff, zu 20,9 % aus Sauerstoff und zu 0,93 % aus Argon. Klimawirksam sind allerdings nur die sogenannten Spurengase oder Treibhausgase wie Wasserdampf (H_2O), Kohlendioxid (CO_2), Methan (CH_4), Distickstoffoxid (N_2O) und Ozon (O_3). Deren Anteil liegt zusammen zwar unter 1 %, aber sie bewirken, dass die mittlere Temperatur der Erde viel höher wird.

Wie findet diese Erwärmung statt? 30 % der Sonnenstrahlung werden von den weißen Flächen wieder ins All reflektiert. Deshalb kommen nur 70 % davon durch die Atmosphäre und erwärmen die Erdoberfläche. Im Strahlungsgleichgewicht gibt die Erdoberfläche dieselbe Menge Strahlung in Form von Wärmestrahlung ab. Ein Teil dieser Wärmestrahlung entweicht direkt ins Weltall. Aber der größte Teil wird von den Treibhausgasen in der Atmosphäre absorbiert. Durch die eintreffende Wärmestrahlung des Erdbodens werden die Moleküle der Treibhausgase in Schwingungen versetzt und wandeln Strahlungsenergie in Schwingungsenergie um. Die Moleküle emittieren nach einiger Zeit diese Schwingungsenergie wieder in Form von Wärmestrahlung in alle Richtungen, auch in Richtung Erdoberfläche zurück. Dies bewirkt eine Temperaturerhöhung der Atmosphäre, die unter „Treibhauseffekt" bekannt ist.

STRAHLUNGS-GLEICHGEWICHT

Mithilfe der globalen mittleren Oberflächentemperatur T = 288 K kann der von der Atmosphäre absorbierte Teil der Wärmestrahlung berechnet werden

Von der Erde absorbierter Anteil

Von der Erde ausgestrahlter Anteil

Der zur Erdoberfläche zurückgestrahlte Anteil der Wärmestrahlung von etwa 39 % erhöht die Temperatur der Erde

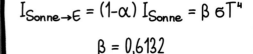

$$I_{Sonne \to E} = (1-\alpha)\, I_{Sonne} = \beta\, \sigma T^4$$

$$\beta = 0{,}6132$$

 $$1-\beta = 0{,}3868$$

Die Absorption wird durch $(1-\beta)$ beschrieben

Der Teil $(1-\alpha)$ der Sonnenstrahlung I_{Sonne} wird auf der Erde absorbiert

Der Teil β der Wärmestrahlung der Erdoberfläche entweicht ins Weltall

Der Teil $(1-\beta)$ der Wärmestrahlung der Erdoberfläche wird wieder zurückgestrahlt

I_{Sonne}

$I\,ref$

$$I_{E \to W} = \beta\, \sigma T^4$$

$$I_{Sonne \to E} = (1-\alpha)\, I_{Sonne}$$

$$I_{A \to E} = (1-\beta)\, \sigma T^4$$

ERDE

DER TREIBHAUSEFFEKT

Da sich die Erde mit Atmosphäre auch im Strahlungsgleichgewicht befindet, wie die Erde ohne Atmosphäre, kann ihre globale mittlere Oberflächentemperatur von T = 288 K = 15 °C benutzt werden, um über das Stefan-Boltzmann-Gesetz den Anteil der Wärmestrahlung zu berechnen, der von der Atmosphäre absorbiert und wieder zur Erdoberfläche zurückgestrahlt wird. Dabei gehen wir davon aus, dass der Erdboden die Sonnenstrahlung $I_{Sonne \to E} = (1-\alpha)\, I_{Sonne} = 239$ W/m^2 und zusätzlich einen großen Teil der Wärmestrahlung der Atmosphäre $I_{A \to E}$ absorbiert. Dieser Anteil mindert den von der Erde ins All abgestrahlten Anteil $I_{E \to W}$ um den Faktor β. Das Stefan-Boltzmann-Gesetz kann somit modifiziert werden:

$$I_{Sonne \to E} = (1-\alpha)\, I_{Sonne} = \beta \cdot \sigma T^4 = I_{E \to W}$$

Setzt man für T die Oberflächentemperatur der Erde ein, erhält man β = 0,6132 und 1−β = 0,3868. Das bedeutet, dass fast 39 % der Wärmestrahlung von der Erdoberfläche durch die Erdatmosphäre absorbiert und wieder als Wärmestrahlung zur Erdoberfläche zurückgestrahlt werden. Man erhält dann für diesen Teil

$$I_{A \to E} = (1-\beta) \cdot \sigma T^4 = 151 \frac{W}{m^2}$$

und für die gesamte Absorption der Erdoberfläche und folglich auch der Abstrahlung vom Erdboden

$$I_{Erdob.} = I_{Sonne \to E} + I_{A \to E} = (239+151)\,\frac{W}{m^2} = 390\,\frac{W}{m^2}.$$

Die Erdatmosphäre bewirkt, dass die Erde um 33 °C erwärmt wird. Dieser Prozess ist der Treibhauseffekt, der das Klima maßgeblich bestimmt und ohne den wohl kein Leben auf der Erde möglich wäre.

DER ANTHROPOGENE TREIBHAUSEFFEKT

Und nun kommt der Mensch ins Spiel: Was passiert, wenn der Mensch die Absorptionsfähigkeit von Wärmestrahlung der Atmosphäre durch die Emission von mehr Treibhausgasen erhöht? Gehen wir einmal davon aus, dass durch den Ausstoß von Abgasen die CO_2-Konzentration in der Atmosphäre angestiegen ist und diese nunmehr 42 % (statt der oben angenommenen 39 %) der thermischen Strahlung zur Erdoberfläche zurückstrahlt. Damit ergibt sich β zu β = 0,58, und für die Temperatur der Erdoberfläche

$$T = \sqrt[4]{\frac{239 \, \frac{W}{m^2}}{0{,}58 \cdot 5{,}67 \cdot 10^{-8} \, \frac{W}{m^2 \, K^4}}} = 292 \text{ K} = 19 \,°C$$

folgt eine Erhöhung um 4 °C. Der zur Erdoberfläche zurückgestrahlte Anteil der Wärmestrahlung erhöht sich damit auf:

$$I_{A \to E} = 0{,}42 \cdot \sigma T^4 = 173 \, \frac{W}{m^2}$$

Für die gesamte Einstrahlung auf die Erdoberfläche und folglich deren Abstrahlung ergibt sich damit:

$$I_{Erdob.} = I_{Sonne \to E} + I_{A \to E} = (239 + 173) \frac{W}{m^2} = 412 \, \frac{W}{m^2}$$

Die Absorptionsfähigkeit der Atmosphäre ist also die Stellschraube, in der die ganze Problematik des Klimawandels verborgen liegt. Und die Menschheit dreht momentan an dieser Stellschraube in rasantem Tempo, indem sie durch die Verbrennung von Kohle, Öl und Gas die Konzentration an Kohlendioxid erhöht.

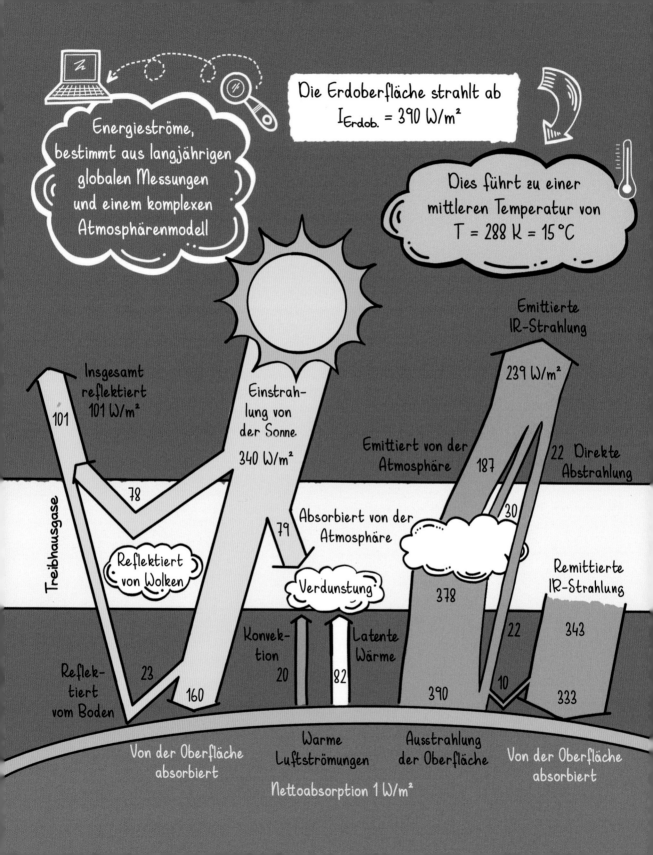

TATSÄCHLICHE ENERGIESTRÓME
IN DER ATMOSPHÄRE

Die Sketchnote links zeigt die tatsächlichen Energieströme in der Atmosphäre, die sich aus langjährigen globalen Messwerten und einem relativ komplexen Atmosphärenmodell berechnen (Trenberth et al. 2009; Trenberth 2020). Insgesamt muss sich eine ausgeglichene Bilanz ergeben, das heißt die Energie, die aufgenommen wird, muss auch wieder abgegeben werden. Schauen wir uns zunächst die gelben Energieströme an: Die Einstrahlung von der Sonne beträgt im Mittel 340 W/m². Von diesen 340 W/m² werden durch Wolken und die Atmosphäre 78 W/m² direkt und von der Erdoberfläche 23 W/m² reflektiert. So beträgt der Anteil reflektierter Sonnenstrahlung insgesamt 101 W/m². Dazu absorbiert der Wasserdampf der Atmosphäre zusätzlich 78 W/m².

Von der auf die Erdoberfläche auftreffenden Solarstrahlung von 340 W/m² werden von der Erdoberfläche 160 W/m² absorbiert. Hinzu kommen 333 W/m² von der remittierten Strahlung der Treibhausgase, was sich zu insgesamt 493 W/m² summiert. Von dieser Energiemenge werden 20 W/m² in die Erzeugung der thermischen Konvektion umgesetzt und 82 W/m² für die Verdunstung von Wasser aufgewendet. Diese sogenannte latente Wärme wird in der Atmosphäre dort wieder freigesetzt, wo sich Wolken und Niederschlag bilden. Weiterhin wird in diesem Modell 1 W/m² als Nettoabsorption der Erdoberfläche angesetzt. Es verbleiben 390 W/m², die in die Atmosphäre emittiert werden. 22 W/m² gehen direkt in den Weltraum. Es bleiben demnach 85 %, also 333 W/m², die von den Treibhausgasen absorbiert und zurück Richtung Erdoberfläche abgestrahlt werden.

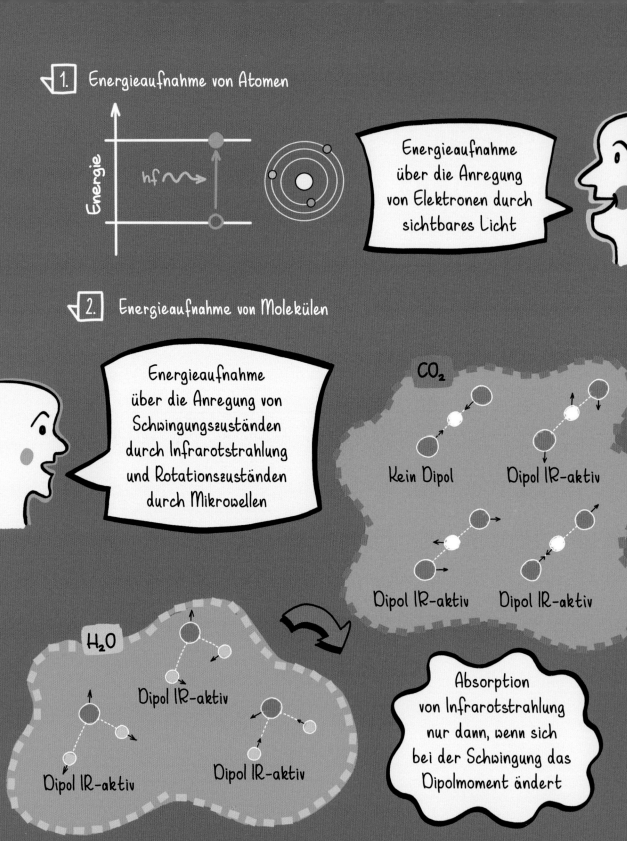

WIE NEHMEN TREIBHAUSGASE WÄRMESTRAHLUNG AUF?

Wenn Atome und Moleküle Energie aufnehmen, ändert sich ihr Zustand. Bei Atomen passiert diese Energieaufnahme durch eine Anregung der Elektronen in der Atomhülle, bei Molekülen geschieht dies durch eine Änderung des Schwingungs- oder Rotationszustands. Strahlung im Mikrowellenbereich regt Moleküle zu Rotationen an. Die etwas kurzwellige Infrarotstrahlung regt Schwingungsübergänge von Molekülen an.

Die Absorption von Infrarotstrahlung kann allerdings nur dann passieren, wenn sich bei der Schwingung das elektrische Dipolmoment zeitlich ändert. Molekül-schwingungen mit dieser Eigenschaft werden als IR-aktiv bezeichnet. Alle symmetrischen Molekülschwingungen, bei denen sich der Ladungsschwerpunkt nicht verschiebt, sind demzufolge IR-inaktiv.

Dipolmoleküle besitzen allerdings ein ständiges Dipolmoment, da die Elektronen nicht symmetrisch verteilt sind. Ein Beispiel hierfür ist das Wassermolekül (siehe Sketchnote unten links). Im Gegensatz dazu hat das symmetrische CO_2-Molekül kein ständiges Dipolmoment, da die Atome linear angeordnet sind und die Ladungsschwerpunkte für positive und negative Ladungen zusammenfallen. Allerdings führen Biegeschwingungen des Kohlendioxidmoleküls dazu, dass diese Symmetrie aufgebrochen wird. Die so entstehenden Dipolmomente führen dazu, dass CO_2 Infrarotstrahlung absorbiert und als Treibhausgas effizient wirken kann.

3. DAS KLIMASYSTEM DER ERDE

Das Klima der Erde wird durch die Sonneneinstrahlung am Außenrand der Atmosphäre, die weitere Verteilung der Energie bis zum Erdboden und die Wechselwirkung zwischen den verschiedenen Hauptkomponenten des Erdklimasystems bestimmt: der Hydrosphäre (Ozean, Seen, Flüsse), der Atmosphäre (Luft), der Kryosphäre (Eis und Schnee), der Pedosphäre und Lithosphäre (Böden und festes Gestein) sowie der Biosphäre (Lebewesen auf dem Land und im Ozean). Diese Komponenten reagieren unterschiedlich schnell auf äußere Einflüsse und beeinflussen sich gegenseitig.

DER UNTERSCHIED ZWISCHEN WETTER UND KLIMA

Zum Verständnis, wie wir Menschen das Erdklima beeinflussen, ist es notwendig, einen grundlegenden Überblick über das Klimasystem der Erde zu gewinnen. Zunächst müssen wir zwischen den Begriffen Klima und Wetter unterscheiden.

Mit Wetter bezeichnet man den aktuellen meteorologischen Zustand der Erdatmosphäre zu einer bestimmten Zeit an einem bestimmten Ort. Wir nehmen täglich das Wetter unmittelbar wahr. Das Wettergeschehen spielt sich in relativ kurzen Zeiträumen von Stunden bis Tagen ab. Wetter wird unter anderem von der Intensität der Sonnenstrahlung, der geografischen Verteilung von Hoch- und Tiefdruckgebieten, den konvektiven Luftströmungen, der Luftfeuchtigkeit, der Bewölkung und dem Niederschlag bestimmt.

Als Witterung wird das über mehrere Wochen bestehende Wettergeschehen bezeichnet. Stabile Hoch- und Tiefdruckwetterlagen können dafür die Ursache sein.

Der Begriff Klima hingegen bezeichnet das mehrjährige gemittelte Wettergeschehen an einem Ort oder in einer Region, üblicherweise mit Beobachtungen über einen längeren Zeitraum von mindestens 30 Jahren. Kurzzeitige Ausschläge oder Anomalien wie zum Beispiel das El-Niño-Phänomen sind von besonderem Interesse für die Klimaforschung. Um das Klima im Laufe der Erdentwicklung zu erforschen, betrachtet die Paläoklimatologie sogar Zeiträume von Hunderttausenden bis zu Millionen von Jahren.

Die Komponenten haben unterschiedliche Reaktionsgeschwindigkeiten auf Änderungen

... und bestimmen somit maßgeblich die Dynamik des Klimasystems

Biosphäre
Lebewesen

Atmosphäre
Luft

Litho sphäre
Gestein

Hydrosphäre
Ozeane, Seen, Flüsse

Pedo- sphäre
Böden

Kryosphäre
Eis und Schnee

DAS KLIMASYSTEM DER ERDE UND SEINE KOMPONENTEN

Aus dem Weltall betrachtet, werden zwei ganz verschiedene Planetenoberflächen-merkmale sichtbar: die blauen Ozeane und die dunkleren Kontinente. Über beiden erstreckt sich die Atmosphäre mit unterschiedlich strukturierten Wolkensystemen. Nordpol und Südpol sind von großen Eisflächen bedeckt. Diese Bereiche bilden die fünf Hauptkomponenten des Erdklimasystems:

· Die Hydrosphäre – Ozean, Seen, Flüsse
· Die Atmosphäre – Luft
· Die Kryosphäre – Eis und Schnee
· Die Pedosphäre und Lithosphäre – Böden und festes Gestein
· Die Biosphäre – Lebewesen auf dem Land und im Ozean

Das gesamte Klima der Erde wird durch die Sonneneinstrahlung auf ihre Oberflä-che und durch die Wechselwirkungen zwischen diesen fünf Hauptbestandteilen des Klimasystems bestimmt.

Alle Komponenten zusammen bilden ein höchst komplexes System, da sie mit unterschiedlichen Geschwindigkeiten durch ihre jeweiligen inneren Dynami-ken auf äußere Einflüsse reagieren und sich dabei ganz unterschiedlich zusätzlich gegenseitig beeinflussen.

Die Ozeane haben eine wichtige Rolle im Klimasystem

Sie nehmen einen Großteil der Sonnenstrahlung auf

- Wärmespeicher
- Wärmetransport
- Gasspeicher
- Reservoir für den globalen Wasser- kreislauf

Sie bedecken 2/3 der Erde

Außerdem transportieren die Meeresströmungen sehr effektiv Wärme von den Tropen in hohe Breiten

Wasser speichert nicht nur Wärme, sondern auch CO_2, das sich im Wasser löst, wenn der Partialdruck in der Luft höher ist als im Wasser

Wasser ist ein sehr effektiver Wärmespeicher und kann viel mehr Wärmeenergie aufnehmen als Luft

CO_2

DIE ROLLE DER OZEANE BEI DER MÄßIGUNG DES KLIMAS

Die Ozeane bilden eines der wichtigsten Elemente im Klimasystem der Erde. Sie bedecken gut 70 % der Erdoberfläche und nehmen entsprechend einen erheblichen Teil der einfallenden Sonnenstrahlung auf.

Sie speichern nicht nur große Mengen an Wärmeenergie, sondern nehmen auch CO_2 aus der Atmosphäre auf, wenn der Partialdruck dort größer ist als im Wasser, was in vielen Bereichen der hohen Breiten der Fall ist. Die Ozeane mäßigen das Klima und puffern Wetterschwankungen und den anthropogenen Treibhauseffekt.

Die Ozeane sind die treibende Kraft des Wasserkreislaufs: Von den rund 1,4 Milliarden Kubikkilometer Wasser, die es auf der Erde gibt, befinden sich 94 % in den Ozeanen. Die Atmosphäre enthält nur etwa 0,001 %, ihre Zirkulation transportiert 40.000 Kubikkilometer davon zu den Kontinenten, wo es sich abregnen kann. Die gleiche Menge Wasser fließt zurück ins Meer.

Rund 93 % der zusätzlichen, durch den Menschen verursachten Treibhausenergie speichern die Ozeane und transportieren sie mittels gewaltiger Strömungen. Mit diesen Zahlen wird deutlich, wie wichtig die Meere für das Klima der Erde sind.

Die Atmosphäre ist die sich am schnellsten ändernde Komponente des Klimasystems

Sie absorbiert die langwellige Wärmestrahlung von der Erdoberfläche und sorgt damit für angenehme Temperaturen auf der Erde

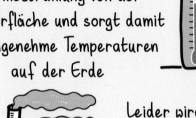

Leider wird sie auch als Mülldeponie für gasförmige Abfallstoffe benutzt

Insbesondere die **TROPOSPHÄRE**, die unterste etwa 10 km dicke Schicht der Atmosphäre, ...

Schneller Ausgleich von Temperaturunterschiede in dieser Schicht

Heftige Wetterreaktionen durch aufeinandertreffende Luftmassen

... ist ein Ort sehr wechselhaften Wettergeschehens

DIE WECHSELHAFTE ATMOSPHÄRE

Die Atmosphäre ist die instabilste Komponente des Erdklimasystems; dort sind ständig Umwandlungs- und Mischungsprozesse im Gange. Die Gase in der Atmosphäre stehen in Wechselwirkung mit der Erdkruste, den Ozeanen, Seen und Flüssen und allen Lebewesen. Vor allem ihre unterste Schicht, die Troposphäre, ist ein Ort sehr wechselhaften Wettergeschehens. Hier werden Temperaturunterschiede schnell ausgeglichen, und aufeinandertreffende Luftmassen können zu heftigen Wetterreaktionen führen, beispielsweise zu Stürmen, Gewitter und Starkniederschlägen. Innerhalb von Stunden bis Tagen passt sich die Atmosphäre den Bedingungen der Erdoberfläche, zum Beispiel der Temperatur des Ozeans oder der Eisbedeckung, an.

Im Unterschied zu Wasser, das auch bei hohen Drücken kaum komprimierbar ist, ist Luft sehr komprimierbar. Sie befindet sich zu 90 % in der unteren Atmosphärenschicht. Nach oben hin nimmt der Luftdruck ab, und der Anteil an Sauerstoffmolekülen pro Volumeneinheit wird geringer, die Luft wird also dünner. Das Mischungsverhältnis der einzelnen Gase innerhalb der Atmosphäre bleibt überraschenderweise annähernd gleich. Mit ihrer Fähigkeit zur Absorption von langwelliger Wärmestrahlung des Erdbodens sorgen die Treibhausgase der Atmosphäre für angenehme Temperaturen auf der Erde.

DIE ROLLE DER WOLKEN

Wolken spielen eine ganz entscheidende Rolle im Klima. Sie bilden sich in der Atmosphäre durch die Abkühlung von Wasserdampf, der zu Wolken kondensiert. Dabei geben sie latente Wärme ab, und heizen sich von innen auf. Dadurch entsteht eine Aufwärtsbewegung (Konvektion), die die Wolken in der Schwebe hält. Außerdem können Wolken die Durchlässigkeit für die Strahlung der Sonne und die Wärmestrahlung des Erdbodens lokal stark beeinflussen.

Aus Satellitenbeobachtungen ergibt sich, dass Wolken einen Teil der einfallenden Solarstrahlung ins Weltall reflektieren und dadurch die Erde und die Atmosphäre kühlen. Andererseits tragen sie – genauso wie CO_2 – zum natürlichen Treibhauseffekt bei, indem sie einen Teil der infraroten Strahlung im System zurückhalten. Ob der kühlende Effekt dominiert, hängt sehr stark vom Wolkentyp ab: Bei niedrigen Stratuswolken überwiegt der kühlende Anteil bei Weitem. Nachts verhindert jedoch eine tiefe Wolkendecke im Winter, dass die Wärmestrahlung in den Weltraum entweicht. Im Vergleich zu einer sternklaren wolkenlosen Winternacht bleibt es deutlich wärmer. Hohe Zirruswolken dagegen sind fast komplett durchlässig für die Sonnenstrahlung und tragen durch ihren Treibhauseffekt zur Erwärmung der Erdoberfläche bei.

Eis- und Schneeflächen spielen eine große Rolle in der Strahlungsbilanz der Erde

Der Anteil an Eis- und Schneeflächen auf der Erde hat immensen Einfluss auf das Temperaturverhalten

Das Reflexionsvermögen (Albedo) von Eis und Schnee ist viel höher als das von Wasser oder vom Boden

Albedo α	
Schnee frisch:	0,8 - 0,9
Schnee alt:	0,45 - 0,8
Wasser:	0,05 - 0,2
Feld (unbestellt):	0,26
Rasen:	0,18 - 0,23
Wald:	0,05 - 0,18

Reflexionsvermögen

Schnee / Eis
80 - 90 %

Meerwasser
10 %

kalt

warm

DIE ROLLE DER KRYOSPHÄRE BEI DER STRAHLUNGSBILANZ

In der Strahlungsbilanz der Erde spielen Eis- und Schneeflächen ebenfalls eine bedeutende Rolle, da beide ein viel höheres Reflexionsvermögen (Albedo) aufweisen als Boden und Wasser. Ozeane und der Erdboden besitzen eine Albedo von 10 – 20 % und können bis zu 90 % der einfallenden Sonnenstrahlen absorbieren und in Wärme umwandeln. Eis und Schnee hingegen haben eine Albedo von 50 – 90 %.

Wachsen Eis- und Schneeflächen, erhöht sich die globale Albedo. Es wird mehr Strahlung reflektiert, die Erde nimmt deshalb viel weniger Energie auf und kühlt sich weiter ab. Die Bildung von Eis- und Schnee verstärkt sich, wodurch sich wiederum die Albedo erhöht. Klimaforscher diskutieren, ob unser Planet im Laufe seiner Geschichte sogar Phasen vollständiger Vereisung erfahren hat. Nach der Schneeball-Erde-Hypothese soll dies vor ca. 750 bis 600 Millionen Jahren der Fall gewesen sein. Es wird vermutet, dass Vulkanismus, mit enormen Mengen an ausgestoßenem CO_2 und der damit verbundenen Verstärkung des Treibhauseffekts, die Erde wieder von ihrem Eispanzer befreite.

Dieser Rückkopplungseffekt kann natürlich auch in umgekehrter Richtung ablaufen. Abschmelzende Eis- und Schneeflächen vermindern die Reflexion und verstärken damit die Erwärmung des Erdbodens, der Luft und des Wassers, wodurch der Schmelzvorgang weiter beschleunigt wird.

PEDOSPHÄRE UND LITHOSPHÄRE

Die Böden und Gesteinsschichten der Erde (Pedosphäre und Lithosphäre) üben über die Pflanzen und den Gas- und Wasseraustausch mit der Atmosphäre einen weiteren deutlichen Einfluss auf das Klima aus.

Der Energieaustausch zwischen Boden und Atmosphäre vollzieht sich über die Abgabe von Wärmestrahlung. Wie viel von der Sonnenstrahlung aufgenommen bzw. absorbiert und in Form von Wärmestrahlung wieder abgegeben wird, hängt von der Beschaffenheit der Bodenoberfläche ab. Dunkle Oberflächen absorbieren mehr Sonnenstrahlung, hellere reflektieren mehr Strahlung.

Eine andere Form des Energietransports geschieht über die Verdunstung von Wasser am Boden. Dem umgebenden Boden und der Luft wird Energie bei Verdunstung von Wasser entzogen, die im aufsteigenden Wasserdampf in die Atmosphäre gelangt und dort beim Kondensieren in den Wolken wieder frei wird. Man spricht von latenter Wärme. Ist der Erdboden relativ trocken, kann weniger latente Wärme an die Atmosphäre abgegeben werden. Durch die geringere Verdunstung kann weniger Energie entweichen, was zu einer erhöhten Temperatur des Erdbodens führt. Da auch weniger Wasserdampf in die Atmosphäre gelangt, bilden sich weniger Wolken, und die Einstrahlung auf den Erdboden wird verstärkt – der Boden wird noch wärmer und trockener, und eine sich verstärkende Rückkopplung beginnt.

Der Einfluss der Biosphäre auf das Klima wird durch den Gasaustausch mit der Atmosphäre bestimmt

Durch die Verdunstung an Pflanzenoberflächen wird der Wasserkreislauf verstärkt

Zudem verändert die Vegetation die Albedo der Bodenoberfläche und beeinflusst damit die Energiebilanz

Der Gasaustausch wird vor allem durch den Kohlenstoffkreislauf bestimmt

Entwicklung der Atmosphäre

Ursprünglich bestand die Atmosphäre überwiegend aus CO_2, N_2, Methan und Wasserdampf

Die Biosphäre hat immer noch einen starken Einfluss auf den Treibhauseffekt, da die Pflanzen der Atmosphäre ständig CO_2 entziehen

Über die Fotosynthese primitiver Algen kam später O_2 dazu

Auch die Konzentration der Treibhausgase Methan und Distickstoffoxid wird durch die Biosphäre gesteuert

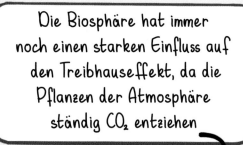

DIE ROLLE DER BIOSPHÄRE

Der Einfluss der Biosphäre auf das Klima ist durch den Gasaustausch mit der Atmosphäre, vor allem vom Kohlendioxidkreislauf, bestimmt. Ursprünglich bestand die Atmosphäre der Erde überwiegend aus Wasserdampf (H_2O), Methan (CH_4), Stickstoff (N_2) und Kohlendioxid (CO_2). Durch Einzeller in den Urmeeren kam über Fotosynthese allmählich freier Sauerstoff hinzu, wodurch höher entwickeltes Leben auf den Kontinenten ermöglicht wurde, nachdem sich eine Ozonschicht in der Stratosphäre gebildet hatte.

Noch heute liegt die klimatische Bedeutung der Biosphäre vor allem in ihrem Einfluss auf die chemische Zusammensetzung der Atmosphäre und damit auf die Stärke des Treibhauseffekts. Mittels Fotosynthese entziehen die Pflanzen der Atmosphäre ständig Kohlendioxid. Die Konzentration von Methan und Distickstoffoxid, die in der Atmosphäre ebenfalls als Treibhausgase wirken, wird auch teilweise durch Prozesse in der Biosphäre gesteuert. Das Treibhausgas Methan entsteht auf natürliche Weise vor allem durch anaerobe Zersetzung von organischem Material (z. B. in Sümpfen und Mooren), und die Entstehung von Distickstoffoxid wird stark durch die Aktivität von Bakterien im Boden und in Gewässern beeinflusst. Des Weiteren verringern Pflanzen auf der Erdoberfläche die Albedo.

Der Begriff KLIMA wird von KLINEIN, dem griechischen Wort für NEIGEN, abgeleitet

Die Jahreszeiten sind eine Folge der NEIGUNG der Erdachse relativ zur Bahnebene der Erde um die Sonne

SOMMER AUF DER NORDHALBKUGEL

WINTER AUF DER NORDHALBKUGEL

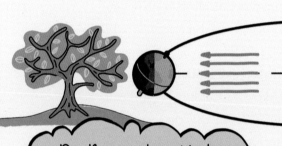

Die Neigung bewirkt, dass während des Nordsommers die NORDHALBKUGEL intensiver von der Sonne bestrahlt wird

Sechs Monate später wird die SÜDHALBKUGEL intensiver bestrahlt, und auf der Nordhalbkugel herrscht Winter

Nur manche Planeten im Sonnensystem haben Jahreszeiten, abhängig von ihrer Neigung

Merkur
0,1°

Venus
177°

Erde
23°

Mars
25°

DIE ENTSTEHUNG DER JAHRESZEITEN

Die Einstrahlung der Sonne bestimmt unser Klima. Das Wort „Klima" wird von *klinein*, dem griechischen Wort für „neigen", abgeleitet.

Das Phänomen der Jahreszeiten ist eine Folge der Neigung von 23,5° der Erdachse relativ zur Bahnebene der Erde und den anderen Planeten (Ekliptik) um die Sonne. Diese geneigte Achse bewirkt, dass während des Nordsommers die Nordhalbkugel eher senkrecht und deshalb auch intensiver von der Sonne bestrahlt wird, während die Sonnenstrahlen auf der Südhalbkugel schräger einfallen und sich auf eine größere Fläche verteilen. Sechs Monate später wird die Südhalbkugel intensiver bestrahlt, und auf der Nordhalbkugel herrscht Winter.

Die Stabilität der Erdachse ist dabei entscheidend für ein mäßiges Klima. Verantwortlich für diese Stabilität ist unser Mond, der aus einer Kollision der Erde mit einem Protoplaneten entstand (siehe S. 11). Ohne unseren Trabanten wäre die Achse instabil, die Erde würde taumeln, und das Klima würde sich drastisch verändern. Die Planeten im Sonnensystem haben verschieden stark geneigte Rotationsachsen. Auf der Erde und dem Mars gibt es Jahreszeiten, auf der Venus und dem Merkur nicht, weil ihre Rotationsachsen senkrecht zur Ekliptik stehen.

Durch die Kugelform der Erde erhalten die Tropen eine höhere Sonneneinstrahlung als die Polargebiete

Deshalb ist die mittlere Temperatur im Bereich um den Äquator am höchsten und nimmt zu den Polen hin ab

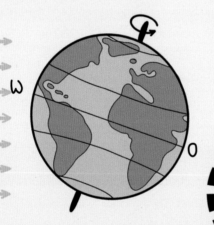

W

O

Die Klimazonen erstrecken sich in Ost-West-Richtung um die Erde und weisen aufgrund der klimatischen Verhältnisse Gemeinsamkeiten auf

KLIMAZONEN

- Polare Zone
- Subpolare Zone
- Gemäßigte Zone
- Subtropische Zone
- Tropische Zone

Bei der Einteilung der Klimazonen spielen Temperatur, Niederschlag, Sonneneinstrahlung usw. eine wichtige Rolle

DIE ENTSTEHUNG DER KLIMAZONEN

Eine Konsequenz der Kugelform der Erde ist, dass die mittlere Temperatur im Jahresverlauf im Bereich um den Äquator am höchsten ist und zu den Polen hin abnimmt. So ist der unterschiedliche Einfallswinkel, mit dem die Sonnenstrahlung auf die Erdkugel trifft, letztlich auch der Grund dafür, dass es verschiedene Klimazonen auf der Erde gibt.

Als Klimazone fasst man die sich in Ost-West-Richtung um die Erde erstreckenden Gebiete zusammen, die aufgrund der klimatischen Verhältnisse Gemeinsamkeiten (z. B. in Bezug auf die Vegetation) aufweisen.

In den Tropen ist es beispielsweise ganzjährig warm und feucht. Abhängig von der Lage findet man sowohl tropische Regenwälder als auch tropische Steppen und Wüsten. Es gibt nur gering ausgeprägte Jahreszeiten, da die Sonne zweimal im Jahr senkrecht über dem Äquator steht. Die Temperaturschwankungen innerhalb eines Tages sind größer als die innerhalb eines Jahres. In den gemäßigten Zonen hingegen, in welchen auch Deutschland liegt, sind die verschiedenen Jahreszeiten deutlich ausgeprägt.

Im Inneren der Kontinente ist es trocken, und es wachsen Nadel-, Laub- und Mischwälder. In den Polargebieten fällt die Sonne ganzjährig nur relativ flach bis überhaupt nicht ein, und es ist daher im Jahresmittel sehr viel kälter. Die Vegetation ist mit Gräsern und niedrigen Sträuchern weit weniger üppig. Charakteristisch für diese Zone sind der mehrmonatige Polartag im Sommer und die mehrmonatige Polarnacht im Winter.

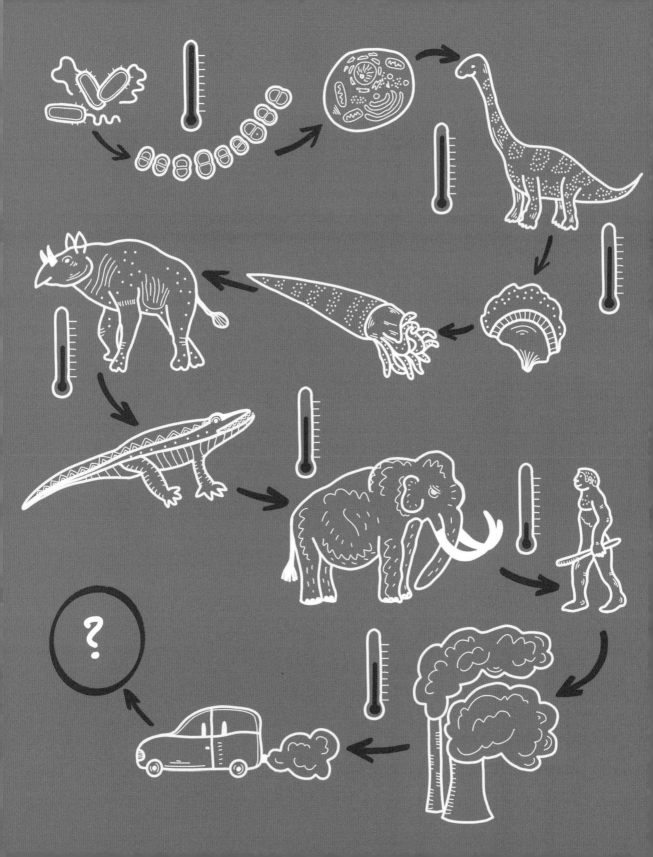

4. DER KLIMAWANDEL

Seit der Entstehung der Erde vor rund 4,6 Milliarden Jahren gab es immer wieder starke Klimaschwankungen und große Veränderungen auf dem Planeten. Aber seit Beginn des Holozäns vor rund 12.000 Jahren, und damit seit der letzten Eiszeit, ist unser Klima relativ stabil. Allerdings ist seit 1980 ein signifikanter Anstieg der mittleren Atmosphärentemperatur zu beobachten. In der Klimaforschung ist man sich einig, dass der aktuelle Klimawandel nur durch die Aktivitäten der Menschen zu erklären ist.

QUALITATIVER VERLAUF DER TEMPERATUR DER ERDE

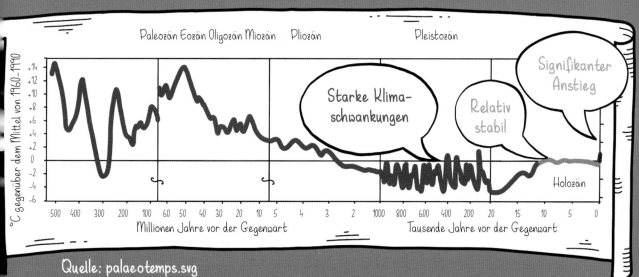

Quelle: palaeotemps.svg

Je mehr Treib-
hausgase in der
Atmosphäre, ...

... desto mehr
Wärmestrahlung
wird von den Gasen
absorbiert, ...

... desto mehr
Wärmestrahlung
wird in Richtung
Erde remittiert

ABWEICHUNG DER GLOBALEN LUFTTEMPERATUR

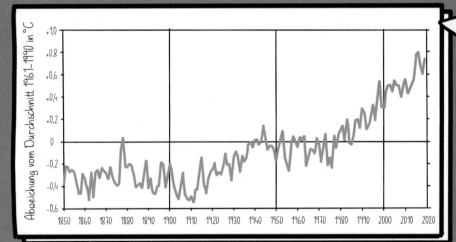

Abweichung vom Durchschnitt 1961–1990 in °C

+1,0
+0,8
+0,6
+0,4
+0,2
0
-0,2
-0,4
-0,6

1850 1860 1870 1880 1890 1900 1910 1920 1930 1940 1950 1960 1970 1980 1990 2000 2010 2020

Quelle: umweltbundesamt.de

Steil
ansteigende
Erderwärmung

Wissenschaftlich herrscht
Konsens, dass der Klimawandel
überwiegend menschengemacht
ist (über 34.000 Publikationen)

DER MENSCHENGEMACHTE
TREIBHAUSEFFEKT

In der Wissenschaft herrscht gegenwärtig der Konsens, dass seit der industriellen Revolution die Konzentration von Treibhausgasen in der Atmosphäre, insbesondere von Kohlendioxid, angestiegen ist.

Wie wir gesehen haben, spielen Treibhausgase eine Schlüsselrolle für die mittlere Temperatur und gleichzeitig für die Bewohnbarkeit unseres Planeten, weil diese Gase die Wärmestrahlung der Erdoberfläche absorbieren und zum Teil Richtung Erde wieder abstrahlen. Je mehr solche Treibhausgasmoleküle sich in der Atmosphäre befinden, desto mehr Wärmestrahlung wird Richtung Erde zurückgestrahlt. Da die Atmosphäre als Ganzes die Erde umhüllt, führt die Erhöhung von Treibhausgasen ohne Zweifel zu einer globalen Erderwärmung.

In der Tat, wie weltweite Messstationen zeigen, ist seit der industriellen Revolution, seit ca. 1850 bis heute, die globale Temperatur der Erde angestiegen. Dies wird durch die gemessenen Abweichungen vom Mittelwert (in der Sketchnote auf der linken Seite) deutlich sichtbar. Diese Abweichungen sind insbesondere seit den 1970er-Jahren Jahren kontinuierlich angestiegen.

Insbesondere Kohlendioxid spielt eine ausschlaggebende Rolle für den anthropogenen Treibhauseffekt

Über Jahrtausende war der CO_2-Gehalt in der Erdatmosphäre stets unterhalb von 300 parts per million (ppm)

Seit der industriellen Revolution nimmt jedoch die Konzentration von etwa 280 ppm um fast 50 % auf heute über 416 ppm zu

KOHLENDIOXIDKONZENTRATION IN DER ATMOSPHÄRE

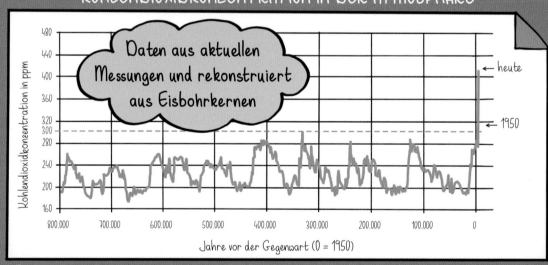

Quelle: climate.nasa.gov/evidence (aufgerufen am 15.03.2020)

1 Kubikzentimeter Luft
= 10^{20} Luftteilchen
= 10^{16} CO_2-Moleküle

KONZENTRATION VON KOHLEN-DIOXID IN DER ATMOSPHÄRE

Der Hauptgrund für diesen anthropogenen oder menschengemachten Treibhauseffekt ist, dass der Mensch zur Erzeugung nutzbarer Energie kohlenstoffhaltige fossile Brennstoffe verbrennt und dabei Kohlendioxid freisetzt. Zunächst geschah dies hauptsächlich in Europa und Nordamerika, später auch weltweit. In den letzten vier Generationen stieg der jährliche gesamte Ausstoß von CO_2 von 2 Gigatonnen (1900) auf 36,4 Gigatonnen im Jahr 2019 – den bis dahin größten jemals gemessenen Wert.

Eisbohrkerne zeigen, dass über Jahrtausende der CO_2-Gehalt in der Erdatmosphäre stets unterhalb der 300-ppm-Marke lag. Die Abkürzung ppm steht hier für parts per million, also die Anzahl an CO_2-Molekülen pro eine Million Moleküle trockener Luft. Jedoch hat die Konzentration seit der industriellen Revolution um 1800 von etwa 280 ppm um fast 50 % auf heute über 416 ppm zu zugenommen und liegt heute höher als zu irgendeinem Zeitpunkt in den letzten 800.000 Jahren.

Wer glauben mag, dass 416 CO_2-Moleküle pro 1 Million Luftmoleküle zu wenige Teilchen sind, um solch dramatische Änderungen zu verursachen, sollte berücksichtigen, dass es in einem Kubikzentimeter Luft 10^{20} Luftteilchen gibt, davon sind 10^{16} Kohlendioxidmoleküle. Dies ist eine große Menge.

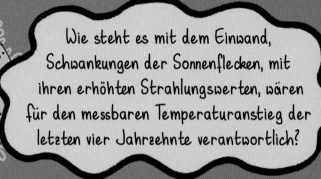

Wie steht es mit dem Einwand, Schwankungen der Sonnenflecken, mit ihren erhöhten Strahlungswerten, wären für den messbaren Temperaturanstieg der letzten vier Jahrzehnte verantwortlich?

TEMPERATUR, KOHLENDIOXID UND SONNENFLECKEN

Der Temperaturanstieg korreliert nicht mit der Sonnenaktivität, aber mit der CO₂-Konzentration

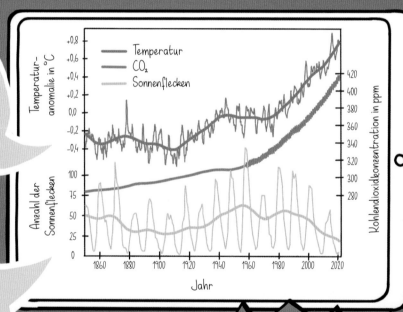

Quelle: Wikipedia

Die Sonnenaktivität sinkt, während die Temperatur und der Kohlendioxidgehalt der Atmosphäre steigen

Sonnenaktivität und globale Erwärmung sind entkoppelt und entwickeln sich sogar gegenteilig

DER EINFLUSS DER SONNENAKTIVITÄT

Obwohl die wissenschaftliche Beweislage eindeutig ist, melden sich weiterhin Skeptiker zu Wort, die den anthropogenen Treibhauseffekt anzweifeln oder gar leugnen. Dem von Skeptikern oft vorgebrachten Einwand, der Sonnenzyklus, sichtbar durch die Schwankungen der Sonnenflecken mit entsprechend erhöhten und sinkenden Sonnenstrahlungswerten, wäre für den messbaren Temperaturanstieg der letzten vier Jahrzehnte verantwortlich, kann eindeutig widersprochen werden. Die Sonnenaktivität ist seit den 2000er-Jahren gesunken, während die Temperatur und der Kohlenstoffdioxidgehalt der Atmosphäre steigen. Sonnenaktivität und globale Erwärmung sind entkoppelt, sie entwickeln sich sogar gegenläufig.

Mittlerweile herrscht – auch durch Messungen belegt – in der Wissenschaft Einigkeit darüber, dass aufgrund des anthropogenen Treibhauseffekts ein Anstieg der globalen Temperatur an der Erdoberfläche zu erwarten ist. Dies geht aus Simulationen mit Klimamodellen hervor, die die bekannten physikalischen Prozesse in der Atmosphäre und im Ozean einbeziehen. So ermittelten die Forscher eine mittlere globale Erwärmung an der Erdoberfläche von 0,9 bis 5,4 °C bis zum Ende des 21. Jahrhunderts im Vergleich zum Ende des 20. Jahrhunderts, je nach Anstieg der Treibhausgasemissionen. Falls dies eintrifft, werden solche Temperaturerhöhungen katastrophale Folgen für Mensch und Natur haben.

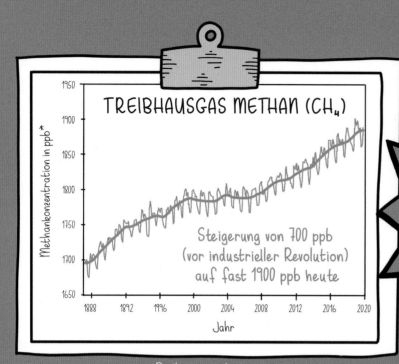

TREIBHAUSGAS METHAN (CH₄)

Methankonzentration in ppb*

1950
1900
1850
1800
1750
1700
1650

1888 1892 1996 2000 2004 2008 2012 2016 2020

Jahr

Steigerung von 700 ppb
(vor industrieller Revolution)
auf fast 1900 ppb heute

Quelle: en.wikipedia.org

H
|
H – C – H
|
H

Methan ist ein
um den Faktor 28
bis 72 wirksameres
Treibhausgas als CO_2

*ppb = parts per billion
(Anteile pro Milliarde)

Allerdings hält sich
Methan nur 10-15 Jahre in
der Atmosphäre,
CO_2 50-200 Jahre

37 % der weltweiten
Methanemission sind
direkt oder indirekt
auf Viehhaltung
zurückzuführen

Die Methan-
emission könnte allerdings
durch das Auftauen der
Permafrostböden stark
ansteigen

Quelle: umweltbundesamt.de

DIE ROLLE VON METHAN FÜR DEN ANTHROPOGENEN TREIBHAUSEFFEKT

Das Gas Methan (CH_4) spielt ebenfalls eine wichtige Rolle für die Verstärkung des Treibhauseffekts. Im Vergleich zu CO_2 ist Methan als Treibhausgas um einen Faktor von ca. 28 bis 72 wirksamer, vor allem, wenn man die Wirkung für die nächsten 100 bzw. 200 Jahre betrachtet. Allerdings ist seine Konzentration um den Faktor 200 geringer.

Seit der industriellen Revolution ist die Methankonzentration in der Erdatmosphäre von rund 700 ppb auf heute über 1800 ppb angestiegen. Aufgrund seiner Struktur ist das Methanmolekül, wie Kohlenstoffdioxid, auch ein Gasmolekül, das Wärmestrahlung absorbiert und dadurch schwingt, was seine kinetische Energie erhöht. Anschließend wird die Wärmestrahlung remittiert.

Die weltweite Emission von Methan ist zu 37 % direkt oder indirekt auf Viehhaltung zurückzuführen. Heute trägt Methan mit etwa 16 % zum anthropogenen Treibhauseffekt bei. Das ist ein Viertel des CO_2-Effekts, der 66 % beträgt. Dieser Wert könnte durch das Auftauen des Permafrostbodens in Sibirien und Kanada bald stark ansteigen.

Methan ist ein kurzlebiges Treibhausgas; es bleibt ca. 10 Jahre in der Atmosphäre, bis es oxidiert und daraus CO_2 wird, das dann über einen Zeitraum von Jahrhunderten die Atmosphäre zusätzlich erwärmt.

Der Mensch trägt zur erhöhten Freisetzung von Lachgas bei, ...

... durch Düngemittel auf Stickstoffbasis

... durch industrielle Produktion von Chemikalien

... durch Verbrennung fossiler Brennstoffe

DISTICKSTOFFMONOXID (N₂O, Lachgas)

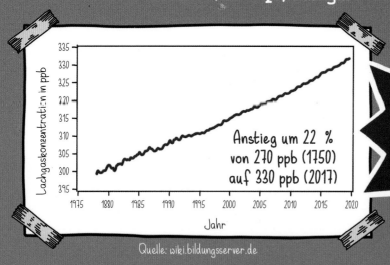

Anstieg um 22 % von 270 ppb (1750) auf 330 ppb (2017)

Lachgas ist ein um den Faktor 265 wirksameres Treibhausgas als CO₂

Quelle: wiki.bildungsserver.de

DIE ROLLE VON LACHGAS FÜR DEN ANTHROPOGENEN TREIBHAUSEFFEKT

Ein weiteres Treibhausgas ist Distickstoffmonoxid (N_2O, Lachgas), das ca. 265-mal stärker treibhausaktiv ist als Kohlendioxid. In der Erdatmosphäre ist die Konzentration dieses Gases seit der industriellen Revolution um ca. 20 % angestiegen und trägt heute mit ca. 6 % zum anthropogenen Treibhauseffekt bei. Durch seine geringe Konzentration entspricht das aber nur 10 % des CO_2-Effekts.

Die Emission von N_2O erfolgt sowohl auf natürlichem als auch auf vom Menschen beeinflusstem Wege: In der Natur wird N_2O von Bakterien im Boden und in Gewässern und Urwäldern freigesetzt. Der Mensch trägt allerdings mit dem Einsatz von Düngemitteln auf Stickstoffbasis, der Industrieproduktion von Chemikalien und dem Verbrennen fossiler Brennstoffe zur erhöhten Freisetzung dieses Treibhausgases bei.

Fluorierte Treibhausgase wurden künstlich für den Einsatz in der Industrie (z. B. Kältemittel) entwickelt

Die Verweildauer in der Atmosphäre beträgt einige Tausend Jahre

Auch wenn ihr Anteil an den Emissionen nur 1,5 % beträgt, sind ihre Auswirkungen durch die hohe Verweildauer und ihre hohe Effektivität nicht zu unterschätzen

Fluorierte Kohlenwasserstoffe sind 12.000- bis 25.000-mal effektiver als CO_2

Anteil der Treibhausgase an den Emissionen

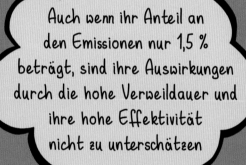

H-FKW 1,2 %

FKW 0,03 %

Distickstoffoxid 4,2 %

Schwefelhexafluorid 0,5 %

Methan 6,1 %

Gesamt: 907 Millionen Tonnen

CO_2 88,0 %

Quelle: Umweltbundesamt

FLUORIERTE TREIBHAUSGASE

Des Weiteren spielen fluorierte Treibhausgase eine Rolle. Anders als die oben genannten Gase entstehen sie nicht bei natürlichen Vorgängen, sondern wurden eigens für die Industrie entwickelt. Obwohl ihr Anteil am gesamten Ausstoß von Treibhausgasen der Industrienationen sehr gering ist, sind ihre Auswirkungen durch die lange Verweildauer in der Atmosphäre (unter Umständen einige Tausend Jahre) und ihre Effektivität als Treibhausgas pro Molekül (12.000- bis 25.000-mal stärker als die von CO_2) nicht zu unterschätzen. Sie tragen mit 11 % nahezu doppelt so viel zum Treibhauseffekt bei wie das Lachgas.

Rückkopplungsprozesse

Ursache → Wirkung

... sind Effekte, die zur Verstärkung ihrer Ursache beitragen, also hier zu einer weiteren Erhöhung der Temperatur

Diese Effekte stellen den eigentlichen „Knackpunkt" des Klimawandels dar

Auf diese Veränderungen reagieren die natürlichen Systeme mit Rückkopplungseffekten

Mit der Erhöhung der Treibhausgase in der Atmosphäre greift der Mensch in ein vielschichtiges, komplexes natürliches System ein

ELEMENTE, DIE IN RÜCKKOPPLUNGS-PROZESSEN EINE ROLLE SPIELEN

- Wasserdampf in der Atmosphäre
- Verringerte Albedo
- Abschmelzen des grönländischen Eispanzers
- Versteppung des Regenwaldes
- Rückgang der nördlichen Nadelwälder
- Tauender Permafrost
- Abschwächung der marinen biologischen Kohlenstoffpumpe
- Abnahme der Aufnahmefähigkeit von CO_2 im Meerwasser

RÜCKKOPPLUNGSPROZESSE

Als Rückkopplungsprozesse werden die aus der Erhöhung der globalen Temperatur und der Veränderung des Klimas resultierenden Effekte bezeichnet, die sich selbst verstärken und zu einer weiteren Erhöhung der Temperatur führen. Solche Prozesse stellen den eigentlichen Knackpunkt des Klimawandels dar.

Es gab im Lauf der Erdgeschichte immer natürliche Vorgänge im Wechselspiel der Atmosphäre, der Meere und Ozeane, der Eismassen und der Biosphäre, auch in Zeiten, als es noch keine Menschen gab. In Abhängigkeit von Landmassenverteilung, Vulkanismus und verschiedenen astronomischen Parametern änderte sich das Klima ständig, der Wandel des Klimas ist also völlig natürlich. Jedoch wurde die Konzentration der Treibhausgase durch anthropogene Einflüsse in den letzten Jahrzehnten drastisch erhöht. Mitten hinein in ein vernetztes, vielschichtiges und deshalb komplexes natürliches Geschehen verändert der Mensch die Rand- und Anfangsbedingungen der Atmosphäre durch den Abbau fossiler Ressourcen. Kohlenstoff, der vor Hunderten von Millionen Jahren tief im Boden gebunden war, wird durch Kohleabbau, Öl- und Gasförderung zunächst an die Erdoberfläche und durch Verbrennungsprozesse schließlich in die Atmosphäre gebracht. Auf diese allmähliche Veränderung reagieren alle natürlichen Systeme durch Rückkopplungen. Wir werden nun einige erläutern.

WASSERDAMPF IN DER ATMOSPHÄRE

Der unsichtbare Wasserdampf ist das stärkste natürliche Treibhausgas. Er hat jedoch nur eine sehr kurze Verweildauer in der Erdatmosphäre, hält sich dort meist nur einige Tage und kehrt dann als Niederschlag zurück auf die Erde. Er wird vollständig durch Verdunstung nachgeliefert. Im Gegensatz zu CO_2 stellt Wasserdampf keine direkte Ursache für die vom Menschen verursachte Verstärkung des Treibhauseffekts dar – der anthropogene Treibhauseffekt kommt schließlich nicht durch den vermehrten Ausstoß von Wasserdampf zustande. Allerdings verdunstet aufgrund der globalen Erwärmung mehr Wasser, und je wärmer die Luft ist, desto mehr Wasserdampf kann sie aufnehmen. Eine erhöhte Konzentration von Wasserdampf in der Atmosphäre verstärkt den Treibhauseffekt, was wiederum zu höherer Erderwärmung führt und so weiter.

Dieser Effekt ist zum Beispiel im Winter an schlecht isolierten Fensterscheiben zu beobachten. Da die warme und relativ feuchte Raumluft in Fensternähe abkühlt, sinkt ihre Aufnahmefähigkeit für Wasserdampf, und das Wasser kondensiert an der Glasscheibe.

VERRINGERTE ALBEDO

Wie in Kapitel 2 bereits erläutert, werden ca. 30 % der Sonnenstrahlung, die die Erde erreicht, durch weiße Flächen, wie Wolken, Eis und Schnee, zurück ins All reflektiert.

Das Rückstrahlungsvermögen oder die Albedo der Erdoberfläche ändert sich aber durch den Klimawandel. Die globale Erwärmung führt zum Abschmelzen von Schnee- und Eisflächen, zum Beispiel im nördlichen Polargebiet. Das Sonnenlicht wird nicht mehr von glitzerndem Schnee und Eis ins Weltall zurückgeworfen, sondern erwärmt das Polarmeer und die vom Schnee freigelegten dunklen Landoberflächen. Die freigelegten Oberflächen und das dunkle Wasser absorbieren dann mehr Sonnenstrahlung, wodurch die globale Temperatur steigt und noch mehr Eisflächen schmelzen. Ein Rückkopplungsprozess wird in Gang gesetzt.

Das Schmelzen von Meereseis führt zunächst nicht zu einer Erhöhung des Meeresspiegels, denn das Meereis verdrängt genauso viel Wasser, wie es nach dem Schmelzen einnehmen würde. Aber da das Wasser durch die globale Erwärmung immer wärmer wird, dehnt es sich aus, und der Meeresspiegel steigt, auch weil zusätzlich Schmelzwasser von den Kontinenten ins Meer fließt.

In den letzten Jahren hat der Eisverlust in Grönland durch ins Meer fließende Gletscher stark zugenommen

Der stellenweise 3 km starke Eisschild verliert dadurch an Höhe

50 % durch Gletscherbewegung ins Meer

50 % durch Schmelzwasser

Seine Oberfläche, die sich jetzt noch in hohen kalten Luftschichten befindet, sinkt und wird somit wärmeren Temperaturen ausgesetzt

Das verstärkt das Abschmelzen weiter

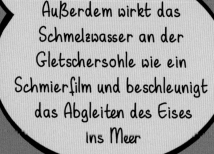

Außerdem wirkt das Schmelzwasser an der Gletschersohle wie ein Schmierfilm und beschleunigt das Abgleiten des Eises ins Meer

Der völlige Kollaps des Grönländischen Eisschildes würde über Jahrhunderte bis Jahrtausende einen Meeresspiegelanstieg von 7 m verursachen

ABSCHMELZEN DES GRÖNLÄNDISCHEN EISPANZERS

In den letzten Jahrzehnten hat der Eisverlust in Grönland durch ins Meer fließende Gletscher und verstärktes Abschmelzen im Sommer stark zugenommen. Der stellenweise drei Kilometer starke Eisschild verliert dadurch langfristig an Höhe. Seine Oberfläche, die sich jetzt noch in hohen und damit kalten Luftschichten befindet, sinkt und wird somit wärmeren Temperaturen ausgesetzt. Das wiederum verstärkt das Abschmelzen weiter. Außerdem beschleunigt das vermehrte Schmelzwasser an der Gletschersohle wie ein Schmierfilm das Abgleiten der Eismassen ins Meer.

Anderes als beim Meereis würde der völlige Kollaps des Grönländischen Eisschildes über Jahrhunderte bis Jahrtausende einen Meeresspiegelanstieg von sieben Metern verursachen und natürlich auch zu einer Verringerung der Albedo beitragen. Hier setzt sich wieder ein Rückkopplungsprozess in Gang. Durch den Rückzug des Eises verringert sich die weiße Fläche, der freigelegte dunklere Erdboden nimmt mehr Wärme auf und trägt damit zur weiteren globalen Temperaturerhöhung bei.

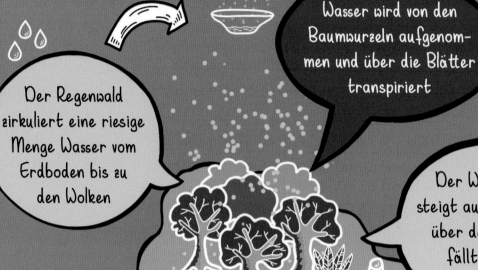

Der Regenwald zirkuliert eine riesige Menge Wasser vom Erdboden bis zu den Wolken

Wasser wird von den Baumwurzeln aufgenommen und über die Blätter transpiriert

Der Wasserdampf steigt auf, kondensiert über dem Wald und fällt als Regen wieder herab

Bei einem Verlust würden gigantische Mengen an bisher gebundenem Kohlenstoff als CO_2 freigesetzt, wodurch die Klimaerwärmung weiter angetrieben würde

Wird der Regenwald gerodet, gehen die Transpiration und damit die Niederschläge zurück

Dann steht dem Wald weniger Wasser zur Verfügung und es wird trockener, und der Regenwald versteppt

VERSTEPPUNG DES REGENWALDES

Der Regenwald ist eine riesige Wasserumwälzpumpe. Gewaltige Mengen an Wasser werden von den Wurzeln der Bäume aufgenommen und als Wasserdampf über die Blätter in die Atmosphäre abgegeben (Transpiration). Der Wasserdampf steigt auf, kondensiert in riesigen Wolken und regnet wieder lokal auf den Boden zurück. Etwa 75 % der Nierderschläge im Amazonasbecken stammen aus lokal erzeugten Wolken. Nur 25 % des Wassers werden mit saisonalen Schwankungen vom Atlantik herangeführt, die dann durch den Amazonas wieder in den Atlantik zurückfließen.

Die Rodung des Waldes könnte diesen Kreislauf an eine kritische Grenze bringen: Je weniger Waldflächen Wasser verdunsten, desto trockener wird die Region, und desto weniger Wasser steht dem Wald zur Verfügung. Eine Umwandlung des Amazonas-Regenwaldes in einen an die Trockenheit angepassten saisonalen Wald oder in Landwirtschaftsfläche hätte grundlegende Auswirkungen auf das Erdklima, da etwa ein Viertel des weltweiten Kohlenstoffaustausches zwischen Atmosphäre und Biosphäre hier stattfindet. Bei einem Verlust würden gigantische Mengen an bisher gebundenem Kohlenstoff als CO_2 freigesetzt, das als Treibhausgas die Klimaerwärmung weiter antreiben würde. Durch die sich ständig weiter ausbreitende Nutzung des Regenwaldes kann aus dieser Kohlenstoffsenke eine Kohlenstoffquelle werden – ein Kipppunkt, den wir wirklich in der Hand haben. Dass es dort in den letzten Jahren immer häufiger brennt, macht die Lage umso dramatischer, denn durch die Feuer wird Kohlendioxid in die Atmosphäre gepumpt, und die globale Erwärmung verstärkt sich immer weiter.

Mit dem Klimawandel nehmen Pflanzenschädlinge, Feuer und Stürme deutlich zu

Die nördlichen Nadelwälder umfassen fast ein Drittel der weltweiten Waldfläche

Wassermangel, Verdunstung und menschliche Nutzung beeinträchtigen die Regeneration

Massive Freisetzung von Kohlendioxid, dadurch beschleunigte Erderwärmung

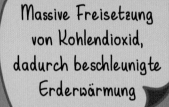

Werden charakteristische Schwellenwerte überschritten, droht die Verdrängung der Wälder durch Busch- und Graslandschaften

Das Verschwinden der Wälder würde den Lebensraum vieler Tiere und Pflanzen vernichten

RÜCKGANG DER
NÖRDLICHEN NADELWÄLDER

Die nördlichen Nadelwälder umfassen fast ein Drittel der weltweiten Waldfläche. Mit dem Klimawandel erhöht sich bereits jetzt der auf sie wirkende Stress durch Pflanzenschädlinge, Feuer und Stürme deutlich. Zugleich beeinträchtigen Wassermangel, insbesondere in der Vegetationsperiode, erhöhte Verdunstung und menschliche Nutzung die Regeneration der Wälder.

Wenn die Belastung kritische Schwellenwerte überschreitet, werden sie von Busch- und Graslandschaften verdrängt. Das Verschwinden der Wälder würde nicht nur den Lebensraum vieler Tiere und Pflanzen vernichten, sondern auch eine massive Freisetzung von Kohlenstoffdioxid bedeuten, welche zur beschleunigten Erderwärmung beitragen kann.

Kollaps des
arktischen
Meereises

Kollaps
der nördlichen
Nadelwälder

Abschmelzen des
Grönländischen
Eisschildes

Methan

Verlangsamung
des Nord-
atlantikstroms

Auftauen des sibirischen
und kanadischen
Permafrosts

GRÖNLAND
ARKTIS
NÖRDLICHE
WÄLDER
PERMAFROST
NORD-
ATLANTIK-
STROM
INDISCHER
SOMMER-
MONSUN
SAHELZONE
AMAZONAS-
REGENWALD
EL NIÑO
WESTANTARKTIS
MEERE

Abschwächung
oder Verstärkung
des indischen
Sommermonsuns

Kollaps des
Amazonas-
Regenwaldes

Unterbrechung
der arktischen
Nahrungskette
und massives
Korallensterben

Heftigere
El-Niño-
Ereignisse

Abschmelzen des
Westantarktischen
Eisschildes

Bistabilität der
Sahelzone: erst
Ergrünung, dann
deutlich trockener

KIPPELEMENTE IM KLIMASYSTEM DER ERDE

Die globale Erderwärmung setzt natürliche Prozesse in den verschiedenen Elementen des Erdklimasystems in Gang. Besonders problematisch sind dabei die Prozesse, die sich selbst verstärken. So führt die globale Erwärmung zum Beispiel zu mehr Verdunstung von Wasser, und da Wasserdampf ein Treibhausgas ist, erhöht sich dadurch die Temperatur der Atmosphäre, was wiederum zu vermehrter Wasserverdunstung führt. Wegen dieser sich selbst verstärkenden Rückkopplungsprozesse kann das Erdklimasystem, wenn eine bestimmte Schwelle überschritten wird, in den unkontrollierbaren Zustand einer Heißzeit übergehen.

Die Umweltauswirkungen der Kipppunkte sind weitreichend und könnten die Lebensgrundlagen vieler Millionen Menschen gefährden. Neueste Modelle über die Bewohnbarkeit unseres Planeten bei weitergehender Erwärmung führen zu dramatischen Szenarien. Weite Teile des Globus rund um den Äquator würden völlig unbewohnbar. Gerade die Kombination aus vom Menschen erzeugten Auslösemechanismen und den Reaktionen der Natur auf diese Auslöser bilden ein *duo infernale*. Wir treiben die Natur zu Wirkungen, die ohne uns gar nicht existieren würden.

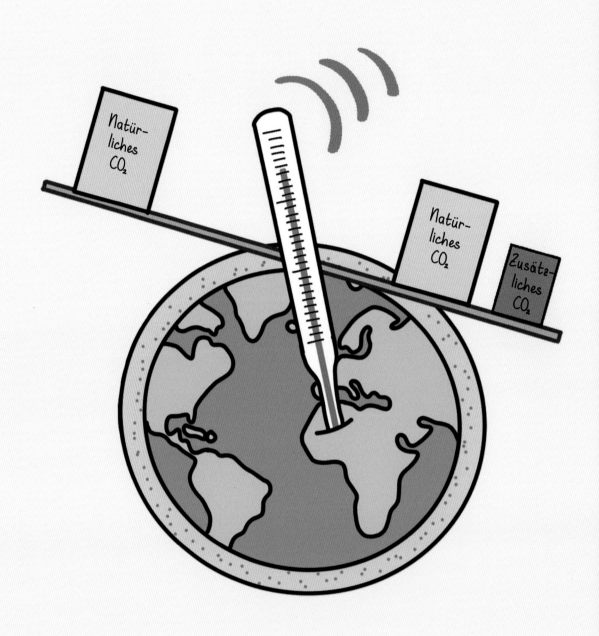

5. AUSWIRKUNGEN DES KLIMAWANDELS

Durch das Handeln der Menschen wird ein Anstieg der Konzentrationen von Kohlendioxid, Methan, Stickoxiden und anderen Treibhausgasen verursacht. Der dadurch verstärkte Treibhauseffekt führt zu Veränderungen von Temperatur, Niederschlag, Bewölkung, Schneebedeckung und Meeresspiegel sowie zu deutlich häufigeren Wetterextremen. Einige dieser Auswirkungen beruhen auf einfachen physikalischen Zusammenhängen, wie der Anstieg des Meeresspiegels, die Versauerung der Ozeane oder die Verringerung der Albedo. Andere stellen nichtlineare, rückgekoppelte, komplexe Folgen dar, wie zum Beispiel die Veränderung der Meeresströmungen.

ANSTIEG DES MEERESSPIEGELS

Ein stetig steigender Meeresspiegel ist eines der Risiken, die eine direkte Bedrohung für uns Menschen darstellen. Als Folge der globalen Erwärmung durch den stärkeren Treibhauseffekt stieg in den Jahren von 1993 bis 2020 der Meeresspiegel pro Jahr um 3,2 Millimeter an. Mit anderen Worten: Seit Anfang dieses Jahrhunderts erhöhte er sich um knapp sieben Zentimeter.

In seinem Sonderbericht über den Ozean und die Kryosphäre (SROCC) prognostizierte der Weltklimarat IPCC (2019), dass der Meeresspiegel in diesem Jahrhundert im Mittel um ca. 84 Zentimeter ansteigen wird, falls sich die anthropogenen Emissionen von Treibhausgasen ungebremst fortsetzen. Selbst wenn wir diese Emissionen deutlich reduzieren und den Temperaturanstieg unter 2° C bis 2100 halten, wird der Meeresspiegel um etwa 43 Zentimeter steigen.

Aus Beobachtungen von 2005 bis 2017 wurde der Anteil dieser thermischen Ausdehnung am steigenden Meeresspiegel auf 40 % geschätzt. Der restliche Anstieg kommt vor allem von schmelzendem Eis auf den Kontinenten: Massenverluste des Grönländischen Eisschildes (24 %), das Schmelzen der Gletscher in den Gebirgen (23 %) und Verluste des Antarktischen Eisschildes (13 %). Aktuelle Messungen der Schmelzrate kommen zu dem eindeutigen Ergebnis, dass sich das Festlandeis sehr viel schneller abbaut, als bisher vermutet.

Die Gründe dafür sind, dass Eis an der Oberfläche ungleichmäßig auftaut und sich Wasserströme bilden, die am Gletscherfuß eine flüssige Gleitschicht zwischen Eis und Boden entstehen lassen. Auf dieser Wasserrutschbahn fließen die riesigen Eisflächen immer schneller ins Meer.

Ein massiver Anstieg des Meeresspiegels hätte insbesondere für niedrig liegende Küstenregionen katastrophale Überflutungen zur Folge

Dies betrifft viele Küstenstädte, denn 22 der 50 größten Städte der Welt liegen an einer Küste und zählen zu den am dichtesten besiedelten Gebieten der Erde

WILHELMSHAVEN

BREMERHAVEN

HAMBURG

GRONINGEN

BREMEN

AMSTERDAM

ROTTERDAM

Schematische Darstellung des Landrückganges (hellblau) bei einem Meeresspiegelanstieg von 7 m an der Küste von Deutschland und den Niederlanden

AUSWIRKUNGEN FÜR DIE KÜSTENREGIONEN

Die Prognosen bis zum Jahr 2100 geben uns ein Bild vom Anfang dessen, was der Menschheit noch bevorsteht; dies zeigt der Vergleich von Temperatur und Meeresspiegel in der neueren Erdgeschichte. Das Grönlandeis bindet eine so große Wassermenge, dass beim kompletten Abschmelzen des Eises mit einem weltweiten Meeresspiegelanstieg von sieben Metern zu rechnen wäre. Bei einem Abschmelzen des Westantarktischen Eisschildes würde der Meeresspiegel um weitere 3,5 Meter steigen. Würde der bislang als weitgehend stabil geltende Ostantarktische Eisschild ebenfalls auftauen und ins Meer abfließen, würden die Meere um über 55 Meter steigen. Das vollständige Abschmelzen des Grönländischen Eisschildes würde allerdings viele Jahrhunderte dauern und das des Antarktischen Eisschildes viele Jahrtausende.

Weltweit hätte dies vor allem für niedrig liegende Küstenregionen und -städte katastrophale Überflutungen zur Folge. Darunter befinden sich auch die am dichtesten besiedelten Gebiete der Erde: 22 der 50 größten Städte der Welt liegen direkt an Küsten, unter anderem Tokio, Shanghai, Hongkong, New York und Mumbai. In Bangladesch liegen heute 17 % der Landesfläche mit ca. 35 Millionen Einwohnern weniger als einen Meter über dem Meeresspiegel. Die Küste Europas würde sich für immer verändern. Städte wie Rotterdam, Amsterdam, Groningen, Wilhelmshaven, Bremen, Bremerhaven und Hamburg würden in diesem Szenario von der Landkarte verschwinden. In der Republik Kiribati, einem Inselstaat im Pazifik, unternimmt die Regierung bereits Schritte zur Umsiedelung der über 100.000 Einwohner.

AUSWIRKUNGEN AUF DIE WASSERVERSORGUNG

Die globale Erderwärmung hat natürlich auch weitreichende Konsequenzen für die Trinkwasserversorgung vieler Menschen. Bei einer Temperaturzunahme von 4 °C wären durch den Rückzug der riesigen Gletscher im Himalaya rund ein Viertel der Einwohner Chinas und rund 300 Millionen Menschen in Indien betroffen. Im Mittelmeerraum und in den südlichen Gebieten Afrikas würde die Trinkwasserversorgung ebenfalls stark eingeschränkt. Unter den Folgen von wiederkehrenden Dürren und von Trockenheit hätten weltweit rund 2 Milliarden Menschen zu leiden. Wasserknappheit erschwert die Landwirtschaft und gefährdet nachhaltig die Versorgung mit Nahrungsmitteln. Sollte diese rasante Entwicklung nicht gestoppt werden, werden Hunderte Millionen Menschen ihre Heimatregionen verlassen müssen, um woanders bessere Lebensbedingungen zu suchen.

Auch in weiten Teilen Europas könnte die Versorgung mit sauberem Trinkwasser knapp werden. In Spanien und Süditalien ist der Grundwasserspiegel bereits auf ein katastrophal niedriges Niveau gefallen. Für 2070 prognostiziert der IPCC, dass bis zu 44 Millionen Europäer von Wasserknappheit betroffen sein werden. Die Flüsse in Mittel- und Südeuropa würden dann bis zu 80 % weniger Wasser führen. Zur Lösung der Wasserprobleme wird ein partnerschaftliches, zwischenstaatliches Management für Flüsse und Seen, das nationale Grenzen überschreitet, vorgeschlagen.

AUSWIRKUNGEN AUF DIE ATMOSPHÄRE

Die globale Erwärmung erhöht die Wasserverdunstung in den Ozeanen enorm. Grundsätzlich verstärkt eine gestiegene Konzentration an Wasserdampf den Treibhauseffekt und die Erwärmung, wodurch noch mehr Wasser verdunstet. Alle Klimaszenarien zeigen, dass sich der globale Wasserkreislauf bei höheren Temperaturen intensiviert. Die Atmosphäre reagiert ohnehin sehr schnell auf Temperatur-, Druck- und Feuchtigkeitsveränderungen. Erhöhte Luftfeuchtigkeit und Kondensation führen der Atmosphäre mehr Energie zu. Je mehr Energie durch verdunstetes Wasser in die Atmosphäre eingebracht wird, umso dynamischere und schnellere Veränderungen finden in der Atmosphäre statt. Dadurch steigen die Wahrscheinlichkeit und die Stärke von Extremwetterereignissen wie Gewitter, Hagel und Sturm bis hin zu Hurrikans.

In einigen Regionen wird heiße trockene Luft die Erosion und in anderen Regionen ein höherer Wasserdampfgehalt die Wolkenbildung und den Niederschlag verstärken. Wetterextreme, Hitzewellen mit erheblichen Schäden an Flora und Fauna sowie Starkregenereignisse mit plötzlichen Überflutungen werden katastrophale Auswirkungen auf die Menschen haben. Solche Ereignisse werden in vielen Orten auf der Welt bereits beobachtet.

AUSWIRKUNGEN AUF KRYOSPHÄRE, PEDOSPHÄRE UND LITHOSPHÄRE

Wie bereits in Kapitel 3 beschrieben, spielt die Kryosphäre eine wichtige Rolle im globalen Strahlungshaushalt der Erde. Sie steht in Wechselwirkung mit dem Ozean und der Atmosphäre. Für den globalen Energiehaushalt von besonderer Bedeutung ist das deutlich höhere Reflexionsvermögen von Eis und Schnee (Albedo) im Vergleich zu Boden und Wasser. Da beim Schmelzen aus dem weißen Eis dunkleres Wasser oder dunkler Erdboden wird, verstärkt sich die Erwärmung der Eisflächen auch noch, weil immer mehr Energie aufgenommen und immer weniger ins Weltall reflektiert wird.

Da die Kryosphäre sehr empfindlich auf Klimaänderungen reagiert, bezeichnet man sie auch als Klima-Thermometer. Die gefrorenen Eismassen sind allerdings nicht nur ein passiver Indikator für den Klimawandel. Die Veränderungen in der Kryosphäre haben vielmehr einen erheblichen Einfluss auf physikalische und biologische Systeme. Beispielsweise beeinflussen sie aufgrund ihrer physikalischen Eigenschaften wie Albedo, Wärmeleitfähigkeit und Dichte maßgeblich die Energiebilanz der Erde. Eisschilde und Gletscher steuern weitgehend die Höhe des globalen Meeresspiegels und beeinflussen damit die Ozeanzirkulationen. Der Verlust von Meereis hat weitreichende Folgen für marine und terrestrische Ökosysteme. Nicht zuletzt ist die Kryosphäre auf den Kontinenten ein wichtiges Süßwasserreservoir, von dem Millionen von Menschen abhängen, zum Beispiel in den Anden und in Zentralasien.

AUSWIRKUNGEN AUF DIE BIOSPHÄRE

Die klimatische Bedeutung der Biosphäre liegt vor allem in ihrem Einfluss auf die chemische Zusammensetzung der Atmosphäre und damit auf die Stärke des Treibhauseffekts: Mittels Fotosynthese entziehen die Pflanzen der Atmosphäre ständig Kohlendioxid.

Mit der globalen Erwärmung sterben Pflanzen- und Tierarten aus. Dies geschieht durch die Verschiebung der Klimazonen, Veränderung von Ökosystemen, Trockenheit und Waldbrände. Sie verursachen das Verschwinden dieser sehr wichtigen CO_2-Senken. Es wird dann viel weniger CO_2 durch Fotosynthese absorbiert und in O_2 verwandelt. Zugleich beeinträchtigen Wassermangel, erhöhte Verdunstung und menschliche Nutzung die Regeneration der Wälder.

Das Verschwinden des Amazonas-Regenwaldes hätte grundlegende Auswirkungen auf das Erdklimasystem: Immerhin findet etwa ein Viertel des weltweiten Kohlenstoffaustauschs zwischen Atmosphäre und Biosphäre hier statt. Das Verschwinden der Wälder würde nicht nur den Lebensraum vieler Tiere und Pflanzen vernichten, sondern auch eine massive Freisetzung von Kohlendioxid bedeuten, welche zur beschleunigten Erderwärmung beitragen kann.

VERSAUERUNG DER OZEANE

Vielleicht sollte in diesem etwas apokalyptischen Kapitel noch erwähnt werden, dass die Kapazität des Wassers für die Aufnahme von Gasen mit steigender Temperatur abnimmt. Heute puffern die Ozeane noch über 90 % der globalen Erwärmung durch Wärmeaufnahme und Lösung von atmosphärischem Kohlendioxid ab. In Zukunft wird das deutlich weniger werden. Ob das Meerwasser CO_2 aus der Atmosphäre aufnimmt oder an diese abgibt, hängt von der Differenz im CO_2-Partialdruck ab (der Partialdruck entspricht dem Anteil von CO_2 am Gesamtdruck innerhalb eines Gasgemisches). Ist der Druck des Kohlendioxids in der Erdatmosphäre höher als der CO_2-Partialdruck im Ozean, so bindet das Oberflächenwasser des Ozeans Kohlendioxid.

Allerdings ist der Partialdruck des CO_2 im Meerwasser stark abhängig von seiner Temperatur. Je wärmer das Wasser wird, desto höher ist der Partialdruck des Kohlendioxids. Die Folgen sind eindeutig: Ein wärmerer Ozean kann weniger Kohlendioxid aus der Atmosphäre aufnehmen als ein Ozean mit niedrigerer Temperatur. Also führt eine Temperaturerhöhung der Ozeane zwangsläufig zu einer höheren Konzentration von CO_2 in der Atmosphäre, ergo zu einer Verstärkung des Treibhauseffekts und damit zu einer weiteren Erwärmung der Ozeane – ein Teufelskreis.

6. WAS KANN ICH TUN?

Wenn sich etwas ganz klar, eindeutig und zweifelsfrei aus Klimaforschung und den Klimakonferenzen weltweit ergibt, dann ist das eins: Wir müssen so schnell wie möglich aus allen Aktivitäten aussteigen, die Treibhausgase freisetzen. Das ist der wissenschaftliche Konsens. Wirtschaft und Politik sind allerdings in ihren Bestrebungen, die Kohlendioxidemissionen zu senken, deutlich zu langsam. Die Vorgaben aus der Forschung sind aber eindeutig; die nächsten beiden Jahrzehnte werden darüber entscheiden, ob wir die wichtige Trendwende noch hinbekommen. Ein „zu spät" und „zu langsam" beantwortet die Natur mit Temperaturen, die unser aller gedeihliches Leben massiv gefährden. Deshalb kommt es auf uns alle an - auf jede und jeden!

ZIEL

Deutlich unter 2 °C, möglichst nicht mehr als 1,5 °C Erderwärmung

Dazu muss die Emission der Treibhausgase dringend ab sofort reduziert werden

Je später der Umschwung startet, desto weniger Zeit bleibt

EMISSIONSSZENARIEN
passend zu den Pariser Klimazielen

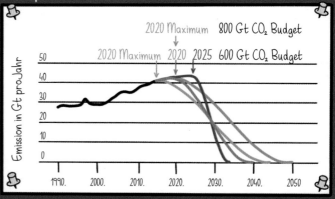

2020 Maximum   800 Gt CO_2 Budget

2020 Maximum   2020 2025 600 Gt CO_2 Budget

50
40
30
20
10
0

Emission in Gt pro Jahr

1990. 2000. 2010. 2020. 2030. 2040. 2050.

Quelle: Spiegel Online; The Global Carbon Project, Nature, Rahmstorf

Vor allem wirtschaftliche Interessen verhindern in vielen Fällen die Umsetzung des Klimaabkommens

Der weltweite Verbrauch von Kohle, Erdgas und Öl nimmt aber, trotz der Klimaschutzbemühungen einiger Länder, weiter zu

Um dieses Ziel zu erreichen, muss die Weltgemeinschaft in der zweiten Hälfte des Jahrhunderts treibhausgasneutral werden

NOTWENDIGKEIT
ZUM HANDELN

Auf der Pariser Klimakonferenz (COP21) haben sich die Staaten darauf verständigt, die globale Erwärmung auf deutlich unter 2 °C, möglichst auf 1,5 °C, zu begrenzen. Nur so können wir mit passabler Wahrscheinlichkeit noch vermeiden, dass die Kaskade der Kippelemente ausgelöst wird und weite Teile der Erde langfristig für uns unbewohnbar werden. Um diese Obergrenze einzuhalten, muss die Emission der Treibhausgase möglichst ab sofort reduziert werden, denn je später der Umschwung beginnt, desto weniger Zeit bleibt.

Im Jahr 2020 ist die Restmenge zum Erreichen des 1,5-Grad-Ziels bereits auf 420 Gigatonnen (Gt) Kohlendioxid geschrumpft. Würde man alle bekannten fossilen Energievorräte an Erdgas, Erdöl und Kohle nutzen, würden hierbei etwa 5400 Milliarden Tonnen Kohlendioxid freigesetzt. Ziel muss es also sein, diese Rohstoffe unter der Erde zu belassen und unsere Energieversorgung vollständig auf erneuerbare Energien umzustellen.

Fest steht, dass die Weltgemeinschaft in der zweiten Hälfte des Jahrhunderts treibhausgasneutral werden muss, wenn dieses Ziel erreicht werden soll. Der weltweite Verbrauch von Kohle, Erdgas und Öl nimmt aber, trotz der Klimaschutzbemühungen einiger Länder, weiter zu. Vor allem wirtschaftliche Interessen und eine fehlende Bepreisung klimaschädlicher Emissionen verhindern in vielen Fällen die Umsetzung des Klimaabkommens.

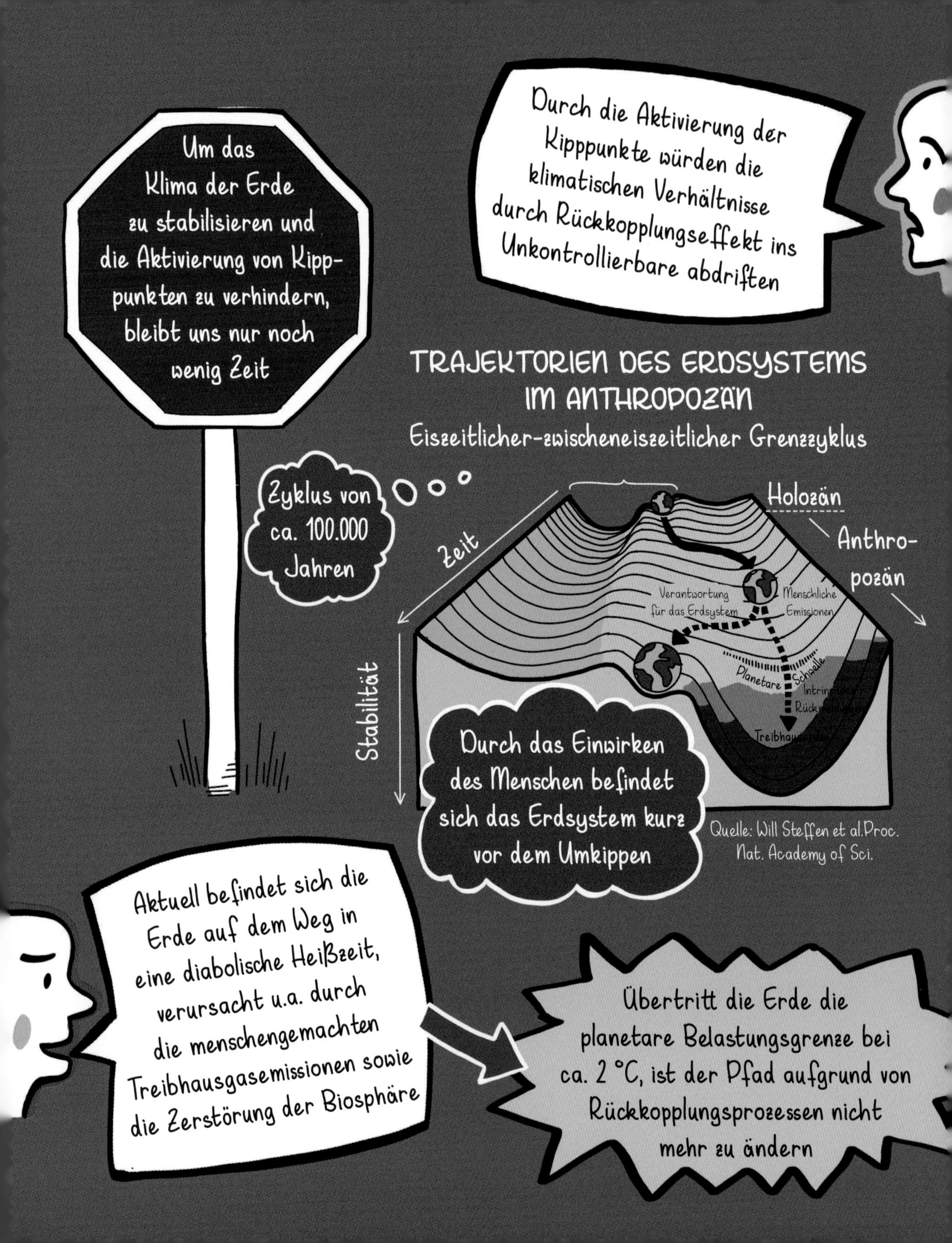
Um das Klima der Erde zu stabilisieren und die Aktivierung von Kipppunkten zu verhindern, bleibt uns nur noch wenig Zeit
Durch die Aktivierung der Kipppunkte würden die klimatischen Verhältnisse durch Rückkopplungseffekt ins Unkontrollierbare abdriften
TRAJEKTORIEN DES ERDSYSTEMS IM ANTHROPOZÄN
Eiszeitlicher-zwischeneiszeitlicher Grenzzyklus
Zyklus von ca. 100.000 Jahren
Holozän
Anthropozän
Zeit
Stabilität
Verantwortung für das Erdsystem
Menschliche Emissionen
Planetare Schwelle
Durch das Einwirken des Menschen befindet sich das Erdsystem kurz vor dem Umkippen
Quelle: Will Steffen et al. Proc. Nat. Academy of Sci.
Aktuell befindet sich die Erde auf dem Weg in eine diabolische Heißzeit, verursacht u.a. durch die menschengemachten Treibhausgasemissionen sowie die Zerstörung der Biosphäre
Übertritt die Erde die planetare Belastungsgrenze bei ca. 2 °C, ist der Pfad aufgrund von Rückkopplungsprozessen nicht mehr zu ändern

ES BLEIBT NUR NOCH
WENIG ZEIT

Wenn wir also diese Beschlüsse ernst nehmen, bleibt uns nur noch sehr wenig Zeit, um das Klima der Erde zu stabilisieren und die Aktivierung von Kipppunkten zu verhindern, ab denen die klimatischen Verhältnisse auf der Erde durch Rückkopplungseffekte ins Unkontrollierbare abdriften würden. Dies bestätigten Klimawissenschaftler im sechsten IPCC-Sachstandsbericht – AR6 aus dem Jahr 2021. Während der letzten ca. 1,2 Millionen Jahre der Erdgeschichte wechselten sich relativ kalte und warme Phasen in einem Zyklus von ca. 100.000 Jahren ab (*glacial-interglacial limit cycle*).

Aktuell befindet sich die Erde auf dem Weg in eine Heißzeit (*hothouse earth*), verursacht durch die Treibhausgasemissionen der Menschheit sowie die Zerstörung der biologischen Vielfalt und vieler ökologischer Systeme, unter anderem durch die Abholzung von Wäldern, getrieben von intensiver Landwirtschaft und Industrie. Übertritt die Erde auf diesem Pfad die planetare Belastungsgrenze bei ca. 2 °C, ist der Pfad aufgrund von Rückkopplungsprozessen nicht mehr zu ändern.

Der Weg hin zu einer Erde auf einem stabilen Pfad erfordert eine fundamentale Änderung der Rolle der Menschen auf dem Planeten – eine entschlossene und schnell umgesetzte Minderung der Emission von Treibhausgasen reicht hierzu aber nicht aus. Nötig werden auch verbesserte Wald-, Landwirtschafts- und Bodenmanagements, um auf diese Weise Kohlenstoff einzulagern. Hinzu kommen die Erhaltung der biologischen Vielfalt sowie die Entwicklung und globale Nutzung von Technologien, die der Atmosphäre Kohlenstoffdioxid entziehen und unterirdisch speichern können.

A. Risiken und Konsequenzen
   scheinen weit entfernt

Für viele Menschen ist noch unklar, was der Klimawandel für sie bedeutet. Der Klimawandel scheint zeitlich und räumlich weit entfernt

B. Der eigene Einfluss
   wird unterschätzt

Andere haben das Gefühl, allein nichts ausrichten zu können. Das zieht sie aus der Verantwortung, und die Problematik wird an die Politik delegiert

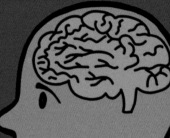

C. Gewohnheiten

CO_2

Tiefsitzende Verhaltensweisen sind ein Hindernis für umweltbewusstes Handeln, und eingespielte Verhaltensmuster werden nur selten hinterfragt

PSYCHOLOGISCHE HÜRDEN BEI DER BEKÄMPFUNG DES KLIMAWANDELS

Die Ursachen und Folgen des Klimawandels scheinen für viele Menschen fern, fast ungreifbar, zu sein. Diese sogenannte psychologische Distanz setzt sich aus verschiedenen Faktoren zusammen: der räumlichen, der zeitlichen und der sozialen Distanz sowie dem Grad der Ungewissheit. Um der im Fall des Klimawandels großen psychologischen Distanz entgegenzuwirken, ist es unbedingt notwendig, auf die lokalen Folgen des Klimawandels aufmerksam zu machen. Ihre Auswirkungen spüren wir hier und jetzt. Sie sind unmittelbar, sind nicht angenehm und können deshalb beängstigend wirken. In manchen Fällen kann große Angst lähmen, vor allem wenn sie von dem Gefühl begleitet wird, ohnehin nichts ändern zu können.

Wenn Menschen jedoch den Eindruck haben, sie können durch ihr Verhalten zu einer positiven Veränderung beitragen, wenn sie also Selbstwirksamkeit erfahren, dann können auch negative Emotionen durchaus handlungsfördernd wirken. Hilfreich ist es zu verstehen, wie man selbst konkret handeln kann und welche klimaschützenden Verhaltensweisen wirklich wirksam sind und welche nicht.

Eine weitere Hürde, die eng mit der wahrgenommenen Selbstwirksamkeit zusammenhängt, ist die sogenannte Verantwortungsdiffusion. Glaubenssätze wie „Ich kann durch mein Verhalten sowieso nichts bewirken, weil alle anderen trotzdem weitermachen" können dazu führen, dass Klimabewusstsein nicht zu klimafreundlichem Verhalten führt. Wenn dieses Denken weit verbreitet ist und die Verantwortung an andere abgegeben wird, dann kommt es zu kollektiver Passivität.

Botschaften positiv formulieren!

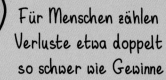

Für Menschen zählen Verluste etwa doppelt so schwer wie Gewinne

Deshalb sollte die Änderung von Handlungsweisen positiv als Gewinn motiviert werden

Beispiel

STATT

Fahr weniger Auto!

LIEBER

Fahr mehr Fahrrad und bleibe gesund!

Mit den neuen Verhaltensweisen können auch gleich andere Gewinne mit verknüpft werden, ...

... wie mehr Bewegung

Weitere Beispiele

Kaufe regionale Produkte, denn die sind frischer und vitaminreicher!

Werde (Teilzeit-) Vegetarier, denn das ist gesund!

Lege dein Geld in Projekten an, die der Natur und anderen Menschen helfen

POSITIVES FRAMING

Wenn es um die konkreten Handlungsweisen und Verhaltensänderungen geht, um das Klima besser zu schützen, ist es wichtig, dass die entsprechenden Botschaften positiv formuliert werden. Die notwendigen Veränderungen im Verhalten jedes Einzelnen kann man auch als etwas Positives, Gewinnbringendes begreifen und nicht nur als Verlust von Lebensqualität. Neben dem Effekt, dass Verluste immer schwerer wiegen als Gewinne, gibt es auch ganz allgemein viele positive Aspekte, die mit einer entsprechenden Lebensumstellung einhergehen. Bei vielen der notwendigen Veränderungen im eigenen Leben sind positive Aspekte für einen selbst, zum Beispiel gesundheitliche, verbunden. Weniger Autofahren bedeutet mehr Bewegung, der Kauf von regionalen Produkten heißt auch gleichzeitig frischere und vitaminreichere Produkte, und das Verzichten auf Fleisch senkt das Krebsrisiko.

Think positive: Setzt man den Einsatz für den Kampf gegen den Klimawandel in einen neuen Kontext, gibt das zusätzliche Motivation. Man muss dazu nur die Verbindung herstellen zwischen der Änderung des eigenen Verhaltens als notwendigen Beitrag zur Eindämmung des Klimawandels und dem daraus entstehenden Gewinn für sich selbst und andere Menschen.

Der ▸ Prozess ▸ für ▸ motiviertes ▸ Klimaengagement

Dieser Prozess wird in mehrere Teilprozesse untergliedert

1.  Wahrnehmung einer Diskrepanz zwischen Ideal-zustand und Realität

Feststellung ➤

Erkenntnis ➤

 Viele Akteure betreiben weiterhin business as usual

Veränderung ist dringend notwendig!

2. Verinnerlichung der Situation durch Selbstreflexion

Fragen
- Wie kann es sein, dass so wenig passiert?
- Was kann ich tun?
- Was muss sich ändern?

3. Auslösen von aktivem Handeln

Empathie

Aufbau einer tiefen emotionalen Verbindung

Begünstigende Faktoren
↓
Selbstwirksamkeit

Erkenntnis, dass der eigene Beitrag zählt

Kippmomente

Alle Beobachtungen werden in eine Handlung übersetzt

TRANSFORMATIVES HANDELN

Letztendlich ist aber auch jeder Einzelne gefragt, wenn es darum geht, die Emissionen schnell zu reduzieren. Den Prozess, in dem Menschen zu aktivem Handeln gelangen, nennt man transformatives Handeln. Transformatives Engagement erfolgt über verschiedene Teilschritte. Zu Beginn dieses Prozesses steht die Wahrnehmung einer Diskrepanz zwischen der Realität und dem, was man als Idealzustand betrachtet.

Im Falle des Prozesses hin zu motiviertem Klimaengagement steht die Erkenntnis, dass die Menschheit erstmals in ihrer Geschichte *global* an stoffliche Grenzen stößt. Wir *müssen* also handeln. Diese Erkenntnis steht im Widerspruch zur Realität, in der viele wirtschaftliche, politische und individuelle Akteure immer noch business as usual betreiben. Im nächsten Schritt erfolgt die Verinnerlichung der Situation, verbunden mit einer kritischen Analyse. Hierbei können verschiedene Fragen auftreten, welche die Situation kritisch beleuchten und zu aktivem Handeln und Verhaltensänderungen führen. Dafür wichtig sind begünstigende Faktoren, die das Handeln letztlich auslösen.

10 KLIMARETTER-
ZUR VERRINGERUNG DES

Tipp 1

Weniger Auto fahren & fliegen

Bleibe fit zu Fuß oder mit dem Fahrrad und nutze öffentliche Verkehrsmittel

Tipp 2

Vermeide Strom aus fossilen Brennstoffen

Wechsle zu Hause zu einem Stromanbieter mit 100 % Ökostrom

Tipp 10

Wasche richtig

Verzichte auf Vorwäsche und Trockner & wasche nur volle Ladungen bei 40 statt 60 °C

Wärme sparen

Dämme deine Wohnung und nutze moderne Heiz- & Beleuchtungstechniken

Tipp 9

Du musst nicht perfekt sein, prüfe, was für dich funktioniert

Ökologische & ethische Geldanlage

Lasse dein angelegtes Geld nur für Dinge arbeiten, die gut für Mensch und Natur sind

Tipp 8

TIPPS FÜR JEDEN
CO₂-FUSSABDRUCKS

Tipp 3

Weniger Fleisch essen

Werde (Teilzeit-)Vegetarier. Das ist gesund und verbraucht viel weniger Ressourcen

Tipp 4

Verändere deinen Lebensmittelkonsum

Kaufe regionale, saisonale und biologische Lebensmittel. Das ist auch boden- und umweltschonend

Verändertes Verhalten kann im Sinne eines **POSITIVEN FRAMINGS** auch noch mit anderen Gewinnen verknüpft werden

Tipp 5

Heize planvoll

Wenn die Temperatur nur um 1°C gesenkt wird, spart das bereits rund 6 % Energie

Kaufe mit Bedacht

Kaufe second hand & Gebrauchtes, repariere & recycle

Tipp 6

Hinterfrage deine Autonutzung

Prüfe Größe, Verbrauch und Ausstattung oder schaff es ganz ab

Tipp 7

Individuelles Verhalten kann jedoch politisches Handeln nicht ersetzen

7. ZUKUNFTSBLICK

Unsere Welt scheint heute schon aus den Fugen geraten zu sein. Mit Rekordhitzesommern, Starkregenereignissen, Dürren, anhaltenden Waldbränden und Waldsterben oder dem Abschmelzen der Polkappen stellen wir fest, dass der Klimawandel nicht in weiter Ferne liegt, sondern die Menschheit schon heute erreicht hat. Auch andere Phänomene wie das Plastik in den Weltmeeren, das Artensterben, der brennende Regenwald, die Massentierhaltung, die einsetzende Wasserknappheit oder das rücksichtslose Ausbeuten der Rohstoffe unserer Erde, verbunden mit vergifteten Landschaften, zeugen davon, dass unser Planet endlich ist.

Aber auch explodierende Mieten, wild gewordene Finanzmärkte, der immer größer werdende Unterschied zwischen Arm und Reich oder die einsetzende Landflucht lassen eine apokalyptische Zukunft der Menschheit erahnen. Auch unsere Art ist vom Aussterben bedroht. Deshalb wird immer deutlicher, dass ein Weitermachen wie bisher nicht funktionieren wird.

Auf den Fotos vom Aufgang der Erde, „Earth Rise" genannt, die wir seit Apollo 8 vom Weltraum aus kennen, sieht man unseren Planeten in seiner Schönheit. Sollten wir nicht alles tun, um das Überleben unserer Zivilisation auf diesem einzigartigen Planeten zu garantieren?

1950

2021

Im Vergleich zu früher leben heute auf der Erde viel mehr Menschen, die auch noch viel mehr Platz und Ressourcen benötigen

Das heißt, heute sind die Ressourcen für jeden einzelnen Menschen knapper geworden

Aber was ist dafür ein guter Indikator?

Mit ihm kann gemessen werden, wie sich das Leben eines bestimmten Menschen auf den Planten niederschlägt

DER ÖKOLOGISCHE FUßABDRUCK

Er berechnet, wie viel Wald, Weiden, Äcker und Meeresfläche nötig sind, um die verbrauchten Ressourcen zu erneuern und die entstandenen Abfallprodukte zu absorbieren

DER ÖKOLOGISCHE FUSSABDRUCK

Heute leben fast 8 Milliarden Menschen auf unserem Planeten, eine Verdopplung gegenüber vor etwa 50 Jahren. Und die Erdbevölkerung wächst weiter. Dabei wächst nicht nur die Zahl der Menschen, sondern auch der Platz und die Ressourcen, die ein Mensch im Durchschnitt benötigt, wachsen, denn unsere Bedürfnisse haben sich ebenfalls verändert.

Beispielsweise waren Urlaubsreisen mit dem Flugzeug früher eine Seltenheit. Heute sind sie eher der Normalfall. Familien besaßen auch selten mehrere Autos. Oder denken wir an den Fortschritt bei der Digitalisierung. Früher hatte eine Familie in der Regel nur einen Fernseher. Heute gibt es meist mehrere Fernseher in einem Haushalt, dazu Computer, Smartphones und Tablets. Um all dies herzustellen und zu betreiben, braucht es Energie und Ressourcen. Dazu kommen Straßen, Flugplätze, Produktionsstätten, Verkaufsflächen und vieles mehr.

Ein guter Indikator, welcher misst, wie sich das Leben eines Menschen auf die Erde niederschlägt, ist der ökologische Fußabdruck. Er wurde Mitte der 1990er-Jahre von Mathis Wackernagel und William Rees entwickelt und gibt an, wie stark das Ökosystem und die natürlichen Ressourcen des Planeten beansprucht werden. Dabei wird nicht nur berechnet, wie viel landwirtschaftliche Fläche ein Mensch für seine Ernährung benötigt, wie viele Straßen, Fabrikhallen oder Einkaufszentren, sondern zum Beispiel auch, wie viel Wald benötigt wird, um das für all diese Prozesse verbrauchte CO_2 wieder zu binden.

Was ist das?

An einem bestimmten Tag im Jahr hat die Menschheit alle natürlichen Ressourcen aufgebraucht, die die Erde innerhalb eines Jahres wiederherstellen kann

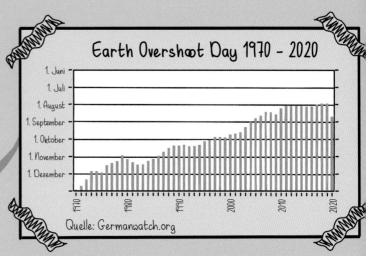

Earth Overshoot Day 1970 - 2020

Quelle: Germanwatch.org

Mehr als eine Erde

Seit 1970 übersteigt unser Verbrauch von Ressourcen der Erde die Kapazität unseres Planeten

Immer eher

Das Datum rückt kontinuierlich nach vorn

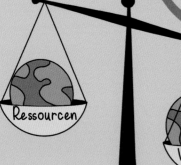

Ressourcen

Verbrauch

Die Menschheit lebt momentan so, als hätte sie 1,7 Erden zur Verfügung

EARTH OVERSHOOT DAY – ERDÜBERLASTUNGSTAG

Der Erdüberlastungstag, genannt *The Earth Overshoot Day*, wird berechnet, indem der ökologische Fußabdruck aller Menschen ins Verhältnis gesetzt wird zur Menge der biologischen Ressourcen, welche die Erde innerhalb desselben Jahres wiederherstellen kann. Da die Menschheit über ihre Verhältnisse lebt und immer mehr konsumiert, als wieder erneuert werden kann, rückt der Erdüberlastungstag immer weiter nach vorn und lag 2019 weltweit schon am 29. Juli.

Analog kann auch berechnet werden, wie viele „Erden" jährlich nötig wären, um die Inanspruchnahme der Ressourcen zu kompensieren. Im Jahr 2019 lag dieser Wert bei 1,74 Erden. Durch diese Entwicklung befindet sich die Erde schon seit vielen Jahren in einem Ressourcendefizit. Betrachtet man allerdings die Länder einzeln, ergibt sich noch ein anderes Bild. Die Spitzenreiter, Katar und Luxemburg, hatten ihre Ressourcen 2019 schon Mitte Februar verbraucht, die USA Mitte März, und in der Europäischen Union lag der Overshoot Day 2019 am 10. Mai, in Deutschland am 3. Mai. Wir leben also nicht nur über unsere eigenen Verhältnisse, sondern auch über die anderer.

Erstmalig rückte der Tag allerdings 2020 wieder nach hinten, um gut drei Wochen, auf den 22. August. Dies muss als Folge der Corona-Pandemie gewertet werden. Damit dies aber kein Einmaleffekt bleibt, muss die Wirtschaft in Zukunft konsequent an Nachhaltigkeit gekoppelt werden. Die Klimaziele müssen eingehalten werden, und der Ressourcenverbrauch muss sinken.

Schon 1972 hat eine Gruppe von Wissenschaftler:innen vom MIT mit ihrem Zukunftsmodell »World3« eine Warnung ausgesprochen

ERGEBNIS

entweder

Die Menschheit muss auf die neue Realität reagieren und die notwendige KEHRTWENDE vollführen

oder

Die Menschheit läuft innerhalb von 100 Jahren auf eine weltumfassende KATASTROPHE zu

UNTERSUCHTE LANGZEITTRENDS
- Tempo Bevölkerungswachstum
- Wachstum Nahrungsmittelproduktion
- Wachstum Industrieproduktion
- Ausmaß der Ressourcenausbeutung
- Entwicklung Umweltverschmutzung

KOLLAPS

MODELL

KOLLAPS ???

Anhand der Daten der Vergangenheit wurde anhand der 5 Langzeittrends DIE ZUKUNFT „hochgerechnet"

Standard Run (keine Begrenzung)

Begrenzung des Wachstums einzelner Faktoren

Begrenzung des Wachstums aller 5 Faktoren

KEIN KOLLAPS

„HOCHRECHNEN"
DER ZUKUNFT

Schon vor einem halben Jahrhundert hat eine Gruppe von Wissenschaftlern und Wissenschaftlerinnen vom Massachusetts Institute of Technology (MIT) in Boston versucht, mittels einer kybernetischen Computersimulation Zukunftstrends abzuleiten. Das Modell, World 3 genannt, wurde im Auftrag des Club of Rome unter Leitung von Dennis L. Meadows und Jørgen Randers entwickelt, um über fünf Langzeittrends anhand von Daten aus der Vergangenheit die Zukunft „hochzurechnen".

Die Ergebnisse wurden im Buch *die Grenzen des Wachstums* publiziert. Berücksichtigt wurden in dem Modell 1.) das Tempo, mit dem die Bevölkerung wächst, 2.) das Wachstum der Nahrungsmittelproduktion, 3.) das Wachstum der Industrieproduktion, 4.) das Ausmaß der Ausbeutung von nicht erneuerbaren Ressourcen und 5.) die Entwicklung der Umweltverschmutzung.

Die Berechnungen zeigten, dass die Zivilisation unweigerlich zusammenbrechen wird, wenn sie einfach so weitermacht wie bisher, also, wenn alle Faktoren weiter anwachsen. Die Wissenschaftler testeten auch Szenarien, bei denen einige der Trends unter Kontrolle gebracht wurden. Allerdings führte nur das Szenario, bei dem das Wachstum aller fünf Trends begrenzt wird, nicht zum Kollaps.

Die Ergebnisse der Studie wurden im Verlaufe der Jahre immer wieder überprüft und aktualisiert und nie widerlegt. Auch hat sich gezeigt, dass sich die fünf Trends im Grunde so entwickeln wie vorausgesagt.

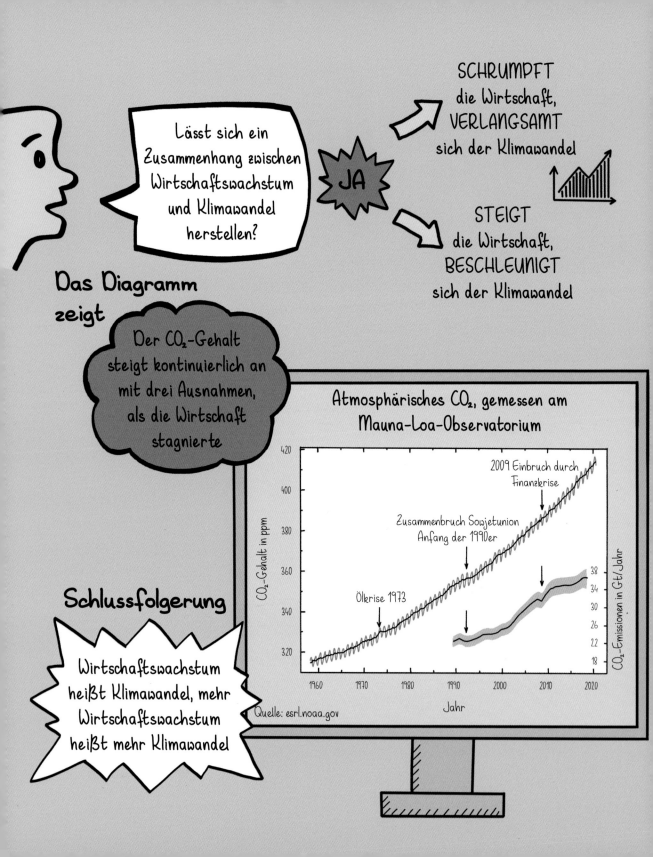

WIRTSCHAFTSWACHSTUM UND KLIMAWANDEL

Um den Klimawandel zu stoppen, muss der Kohlendioxidausstoß drastisch reduziert werden. So wurde es in den Protokollen der Klimakonferenzen von Kyoto und Paris beschlossen. Um den Anteil von Kohlendioxid in der Atmosphäre mit hoher Genauigkeit zu messen, müssen die Bedingungen perfekt sein. Dies ist beim Mauna-Loa-Observatorium auf Hawaii der Fall. Das Observatorium befindet sich weit ab von jeglicher Zivilisation in 3400 Meter Höhe und misst die Kohlendioxidkonzentration in der Atmosphäre kontinuierlich seit 1958, dem Internationalen Geophysikalischen Jahr.

Betrachtet man die gemessene Kurve, so stellt man fest, dass sie seit Beginn der Messung kontinuierlich angestiegen ist. Dies ist ein deprimierendes Ergebnis, denn das bedeutet, dass die bisherigen Anstrengungen zur Kohlendioxideinsparung noch nicht zu einer Reduktion geführt haben. Allerdings erkennt man bei genauerem Hinsehen, dass die Kurve drei kleine Anomalien aufweist, bei denen der Anstieg minimal verlangsamt war. Dies passierte zu Zeiten, in denen eine Krisensituation mit einem geringeren Wirtschaftswachstum herrschte, sodass sich auch die Verbrennung fossiler Brennstoffe reduzierte.

Den unmittelbaren Zusammenhang von Wirtschaftswachstum und Kohlendioxidkonzentration findet man, wenn man die Kurve des weltweiten Wirtschaftswachstums mit der Kurve der CO_2-Emissionen vergleicht. Diese Kurven verlaufen fast deckungsgleich. Daraus kann man schlussfolgern, dass nur eine andere Art des Wirtschaftens und des Lebens den Rohstoffverbrauch senkt und schädliche Emissionen vermindert.

Rückblick

Die Industrie hat schon in den letzten Jahren gewaltige Fortschritte erzielt

Allerdings

... stieg der CO_2-Anteil in der Atmosphäre trotzdem kontinuierlich an

CO_2

FRAGE

Kann der Klimawandel bewältigt werden, wenn Prozesse **EFFIZIENTER** gestaltet werden, sodass sie weniger Energie verbrauchen?

Warum?

Die Energieeinsparung durch technischen Fortschritt führt leider oft dazu, dass mehr produziert oder sogar das ganze System verändert wird

Schlussfolgerung

Solange technischer Fortschritt nur zu immer weiterem Wirtschaftswachstum führt, werden wir das Problem des Klimawandels nicht lösen können

WEITERMACHEN WIE BISHER, NUR EFFIZIENTER?

Ist es nicht vielleicht doch möglich, dass durch effizientere Methoden der Produktion und des Verbrauchs der Anstieg der Kohledioxidkonzentration gestoppt werden kann? Ein Ansatz dafür ist die Idee, weiterhin ökonomisches Wachstum zu sichern, aber ohne die Umwelt zu zerstören und ohne weiterhin fossile Brennstoffe zu verbrennen. Könnte dies durch effizientere Prozesse erreicht werden, so dass weniger Energie verbraucht wird?

Sieht man sich allerdings die Geschichte des wissenschaftlichen Fortschrittes an, stellt man fest, dass neue Techniken schon oft effizienter waren und weniger Ressourcen verbrauchten. Eine Folge war aber meist, dass der technische Fortschritt dazu führte, dass die Einsparungen nicht nur kompensiert wurden, sondern sogar zu Mehrverbrauch führten. Es sind also in der Vergangenheit und insbesondere in den letzten 30 Jahren schon riesige Effizienzfortschritte erreicht worden, ohne dass sich allerdings dadurch der Kohlendioxidausstoß verringert hätte.

Man kann also schlussfolgern, dass wir allein damit, dass Prozesse effizienter gestaltet werden, den Klimawandel nicht in den Griff bekommen werden. Solange effizientere Prozesse nur nach sich ziehen, dass die Wirtschaft weiter wächst, ist alleinige Effizienzsteigerung kein Mittel, um das Problem zu lösen.

Was ist Geo-Engineering?

Damit werden Methoden bezeichnet, die den Klimawandel manipulieren sollen

Um eine Erwärmung über 1,5 °C zu vermeiden, müssen wir CO_2 aus der Atmosphäre entfernen

Unterschieden werden, ...

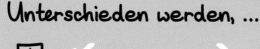

1.

... Interventionen zur direkten Beeinflussung des Klimasystems, z.B. Solar Radiation Management (SRM)

2.

CO_2

... Projekte zur Reduktion von CO_2 in der Atmosphäre, Carbon Dioxide Removal (CDR)

Ziel von SRM:

Erhöhung der Reflexion des einfallenden kurzwelligen Sonnenlichts

Wie?

CO_2 aus der Atmosphäre durch natürliche Kohlenstoffsenken oder technische Maßnahmen entnehmen

ABER

...einige Geo-Engineering-Ansätze können sehr gefährlich sein

GEO-ENGINEERING – DER AUSWEG?

Unter Geo-Engineering versteht man Technologien, mit denen der Klimawandel künstlich verlangsamt wird. Diese Methoden sind sehr unterschiedlich und reichen von groß angelegten Aufforstungsaktionen über das Aufstellen von riesigen Spiegeln im Weltall zur Verschattung der Erde, bis hin zu Carbon-Capture-Technologien, die Kohlendioxid abscheiden und dauerhaft in unterirdischen Reservoirs speichern.

Prinzipiell unterscheidet man 1.) Interventionen zur direkten Beeinflussung des Klimasystems, wie zum Beispiel Solar Radiation Management (SRM) und 2.) Projekte zur Reduktion von CO_2, wie zum Beispiel Carbon Dioxide Removal (CDR). Beim SRM geht es darum, den Anteil des einfallenden kurzwelligen Sonnenlichts auf die Erde zu reduzieren, und CDR hat zum Ziel, einen Teil des Kohlendioxids wieder aus der Atmosphäre herauszuholen.

Auch wenn derartige Methoden derzeit noch nicht zur Verfügung stehen, ist es dennoch notwendig, in Zukunft CO_2 aus der Atmosphäre zu entfernen, denn alle Klimamodelle, bei denen eine Erwärmung um bis zu maximal 1,5 °C angesetzt wird, haben derartige Technologien eingerechnet. Allerdings ist davon auszugehen, dass einige Methoden zur Manipulation des Klimasystems auch sehr gefährlich sind oder gravierende Nebenwirkungen aufweisen. Außerdem kann Geo-Engineering nur eine Ergänzung zu den Maßnahmen sein, die Treibhausgase direkt reduzieren.

ES BRAUCHT REGELN

Werden wir die Probleme der heutigen Zeit lösen können, wenn der Staat nicht oder wenig eingreift, und stimmt die These, dass der freie Markt immer den größten Vorteil für jeden herausholt? Können wir darauf vertrauen, dass marktwirtschaftliche Instrumente regeln, dass unsere Atmosphäre nicht mehr als Müllhalde für Kohlendioxid benutzt wird und dass die Ressourcenausbeutung begrenzt, die Überfischung der Meere verhindert oder die Rodung der Regenwälder gestoppt wird? Anzeichen, dass die Wirtschaft diese Verantwortung selbsttätig ausübt, sind allerdings leider nicht zu erkennen. Es geht nach wie vor darum, die Gewinne zu maximieren, Güter so billig wie möglich zu produzieren und die Ressourcen der Erde maximal auszubeuten.

Das auf der linken Seite gezeigte einfache Beispiel des amerikanischen Ökologen Garrett Hardin zeigt eindrucksvoll, dass Raubbau durch Einzelne zulasten aller das Ergebnis eines regelfreien Raumes ist. Dies lässt sich auch auf die Probleme der heutigen Zeit übertragen. Der Staat ist gefordert, geeignete Regeln und Maßnahmen zu erstellen und durchzusetzen, um der Menschheit einen lebenswerten Planeten zu garantieren.

WIE KÖNNEN WIR UNSERE WELT NEU DENKEN?

Wie schaffen wir es, dass der CO_2-Gehalt in der Atmosphäre endlich sinkt, statt immer weiter anzusteigen, und wie lösen wir all die anderen Probleme, die unsere Natur zerstören und unseren Planeten zu einem lebensunfreundlichen Ort werden lassen? Es muss auf jeden Fall ganz dringend etwas passieren – so weitermachen ist keine Option!

Als Erstes sollten wir alle als Akteure, Konsumenten, also jede einzelne Person, ob Politiker, Manager in der Industrie oder einfacher Bürger, uns die Frage stellen, in was für einer Welt wir und unsere Nachkommen denn leben möchten. Wir müssen diese Verantwortung übernehmen und mit den alten Gewohnheiten brechen.

Um diese Veränderungen zu erreichen, geht es auch um Mut, denn es ist meist nicht einfach, die alten Pfade zu verlassen und für einen lebenswerten Planeten aktiv zu werden. Dabei sind die unterschiedlichsten Akteure gefragt, denn wir können mit unserem Handeln und unseren Entscheidungen nur gemeinsam an der Verwirklichung dieses Ziels arbeiten. Gefragt sind hier zum Beispiel die Konsumenten, die mit ihren Kaufentscheidungen die nötigen Innovationen beeinflussen können, die Medien, die durch differenziertes Berichten zu Meinungsbildung beitragen können, die Konzerne und Investoren, die sich ihrer Verantwortung für einen lebenswerten Planeten bewusst werden und entsprechende Maßnahmen einleiten müssen, die Akteure im Bildungssystem, die die Wissensinhalte in Schulen, Hochschulen und Lehrbücher bringen müssen und neben Inhalten auch Kompetenzen vermitteln sollen, sowie die Politiker, die die Regeln aufstellen müssen, nach denen wir dieses Ziel erreichen.

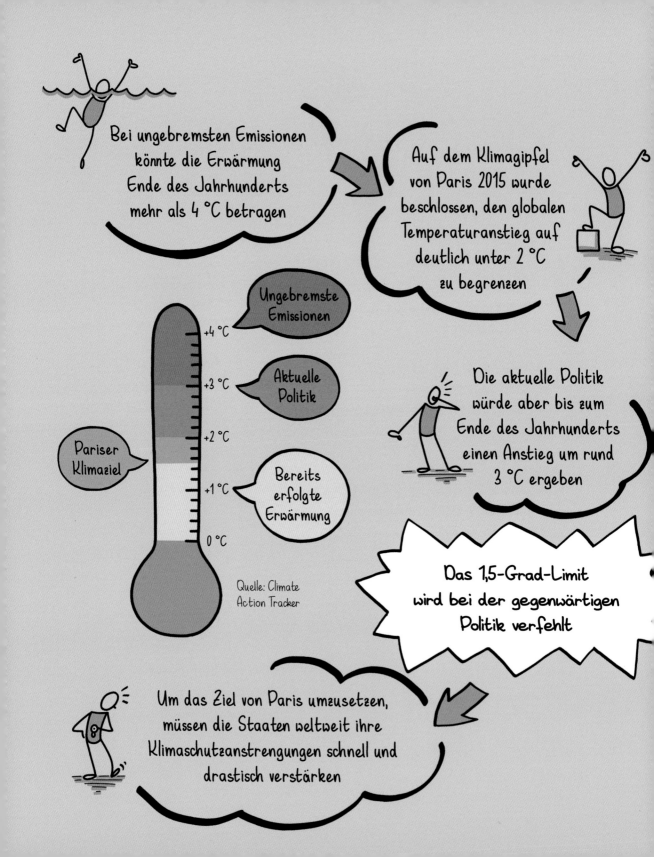

WAS MUSS DIE POLITIK LEISTEN?

Wenn die Emissionen weiterhin steigen wie bisher, wird unser Planet bis zum Ende des 21. Jahrhunderts eine Erwärmung von durchschnittlich mehr als 4 °C erreicht haben. Schon heute beträgt die Erwärmung seit einem Jahrhundert etwa 1 °C, und wir spüren bereits dramatische Auswirkungen.

Es wird also Zeit, dass etwas Grundlegendes passiert, denn mit der jetzigen Politik können die Klimaziele des UN-Klimagipfels von Paris aus dem Jahr 2015 nicht erreicht werden. Das Ziel war eine Begrenzung auf einen Temperaturanstieg von 1,5 °C gegenüber dem vorindustriellen Niveau. Die jetzige Politik steuert aber auf einen Anstieg von rund 3 °C bis zum Ende des Jahrhunderts hin. Mit so einem Anstieg werden viele Kipppunkte erreicht und ob unser Planet dann noch lebenswert sein wird, ist fraglich.

Das ausgestoßene Kohlendioxid bleibt auch sehr lange in der Atmosphäre, und Maßnahmen zur Reduktion des Kohlendioxidausstoßes werden sich nur sehr langsam bemerkbar machen. Deshalb ist es auch wichtig, schnell zu handeln, denn jedes Warten führt dazu, dass unsere Anstrengungen noch größer sein müssen, um das Ziel zu erreichen.

Es ist also sehr wichtig, dass die Politik endlich ihrer Verantwortung gerecht wird und die Staaten weltweit ihre Klimaschutzanstrengungen drastisch verstärken.

SCHNELLE EMISSIONS-SENKUNGEN SIND MÖGLICH

Auch wenn es momentan vielleicht so aussieht, als wenn das Ziel nur mit sehr großen Anstrengungen und unter drastischen Regeln erreichbar wäre, ist die Situation doch nicht aussichtslos. Studien und auch praktische Erfahrungen zeigen, dass die Voraussetzungen, um den Kohlendioxidausstoß sofort zu senken, vorhanden sind. Die notwendigen Technologien dafür existieren und sind sogar zum Teil heute schon konkurrenzfähig. Es ist auch zu erwarten, dass diese Entwicklung weitere Innovationen hervorruft. Außerdem kann man davon ausgehen, dass die Industrien, die das Problem jetzt anpacken, sich auch für die Zukunft gut aufstellen.

Weltweit kann man große Unterschiede bei der Bewältigung dieses Problems erkennen. Deutschland nimmt dabei leider nur einen Platz im Mittelfeld ein. Andere Länder sind uns da voraus, zum Beispiel werden zahlreiche EU-Staaten schneller als Deutschland schon vor 2030 aus der Kohleverstromung aussteigen.

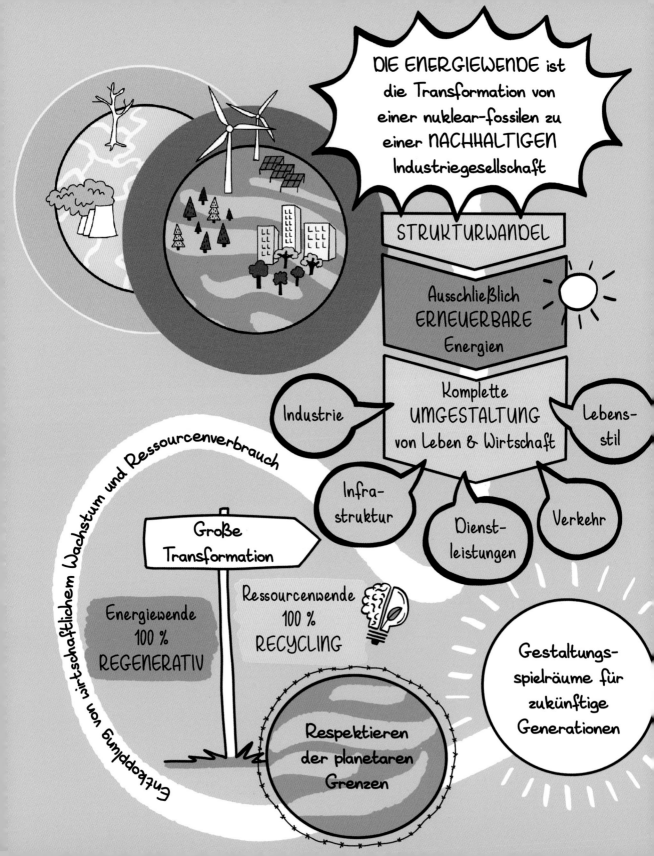

DIE ENERGIEWENDE

Die Energiewende ist die wichtigste Maßnahme für den Klimaschutz im Kampf gegen die Folgen der globalen Erwärmung. Im Prinzip besteht die Energiewende aus der grundlegenden Transformation einer Industriegesellschaft, die sich im Wesentlichen fossiler Rohstoffe bedient, hin zu einer nachhaltigen Industriegesellschaft, die ausschließlich erneuerbare Energien nutzt.

Hierfür wird es notwendig sein, sämtliche industrielle Produktionsketten, den Dienstleistungssektor und auch den privaten Bereich völlig zu verändern. Dies betrifft die Energiequellen, die Energieinfrastruktur und vor allem die Speicherkapazitäten für erneuerbare Energien. Damit soll, neben dem effektiven Klimaschutz, zudem eine Entkopplung von wirtschaftlichem Wachstum und Ressourcenverbrauch im Allgemeinen gewährleistet werden. Zusammen mit einer Ressourcenwende und dem Ausbau von Recyclingnetzwerken wird die Energiewende die wirtschaftlichen und ökologischen Bedingungen in unserem Land völlig verwandeln. Mit dieser großen Transformation respektieren wir die planetaren Grenzen von Energie und Rohstoffen und geben den zukünftigen Generationen neue Gestaltungsspielräume.

DIE ENERGIEWENDE IN DEUTSCHLAND

Die Energiewende in Deutschland wird eine völlige Veränderung unserer Energieversorgung nach sich ziehen. Da unser Land in einer gemäßigten Klimazone liegt und deshalb über keine Wüstenflächen verfügt, kann nur die Kombination von Windkraft, Sonnenenergie, Geothermie, Biomasse und Wasserkraft eine erfolgreiche Energiewende bewerkstelligen, wobei Windkraft und Fotovoltaik in Deutschland die größten Potenziale haben. Dazu werden bis 2030 zusätzliche 30 Gigawatt (GW) Fotovoltaik und 10 Gigawatt Windkraft benötigt.

Die gesamte Energieversorgung (Mobilität, Industrie, Wärme, Landwirtschaft, etc.) muss umgestellt werden, einschließlich der Energieverluste. Man spricht dann vom sogenannten Primärenergieverbrauch. Die gesamte von Deutschland verbrauchte Energiemenge, dividiert durch 365 Tage und 82 Millionen Menschen, liegt zurzeit zwischen 100 und 120 Kilowattstunden pro Person und Tag.

Unbedingt notwendig für dieses „Apollo-Programm": Tausende und Abertausende Technikerinnen und Techniker, Ingenieurinnen und Ingenieure, also Menschen, die in den MINT-Fächern arbeiten und forschen und damit dafür sorgen, dass die Innovationspotenziale für neue technologische Lösungen geschöpft und die technischen Anlagen gebaut und betrieben werden können.

WIR MÜSSEN HANDELN!

Die Erkenntnis, dass Nichthandeln und Weitermachen wie bisher keine Option ist, haben mittlerweile viele Menschen realisiert. Das gilt für weite Teile der Bevölkerung, aber auch für die Politik und die Industrie, denn business as usual würde unsere Welt auch verändern, aber nicht zum Guten.

Nun ist es wichtig, dass gehandelt wird und die richtigen Schritte zur Bewältigung dieser Krise geplant und letztendlich auch einschlagen werden. Wir sind global an einer Grenze angelangt, und es braucht strukturelle Änderungen, um diese Krise erfolgreich zu meistern. Hierbei ist neben den Entscheidungsträgern aber auch jeder Einzelne in seiner Funktion, mit seiner Lebensweise, seinem Engagement und seinen Ideen gefragt. Viele von uns sind aber auch Teil eines vernetzten Systems, sei es am Arbeitsplatz, in der Freizeit, in einer verantwortungsvollen Position oder in einer Partei. Letztlich sind wir ja alle Teil dieser Welt und leben alle in ihr, lieben sie und möchten, dass wir auch unseren Kindern, Enkeln und Urenkeln eine lebenswerte Welt hinterlassen. Deshalb werden wir gemeinsam diese Aufgabe bewältigen.

Kann mein Beitrag wirklich etwas bewirken?

Ich will Verantwortung übernehmen, aber was kann ich tun?

Wir sind alle Teil vernetzter Systeme, in denen nichts ohne Effekt bleibt

Wir alle können Teil der Veränderung sein

Engagement ist ein gutes Mittel, um in einer Krise von reaktivem Abwehren auf aktives Handeln umzuschalten

Ändere deinen Lebensstil, wo es möglich ist

Wirke auf deine unmittelbare Umgebung ein

Vernetze dich und engagiere dich politisch

DU WIRST DEINEN WEG FINDEN

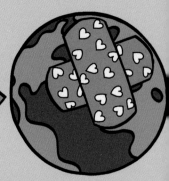

UND WAS IST DEIN WEG?

Auf dieser letzten Seite möchten wir als Autoren uns noch der Frage widmen, wie jeder Einzelne von uns einen Beitrag leisten und Verantwortung übernehmen kann. Es geht also um den Weg, den du einschlagen kannst, um an dieser großen Aufgabe mitzuwirken. Es geht um Ideen und um Engagement, aber es geht auch um die Erkenntnis, dass der eigene Beitrag zählt. Wir können voneinander lernen, unsere Ideen teilen und gemeinsam aktiv werden.

Es gibt viele Möglichkeiten, an dieser Aufgabe mitzuwirken. Betrachte dein eigenes Leben und überlege, was du verändern könntest, um zum Beispiel deinen ökologischen Fußabdruck zu reduzieren. Du kannst dich in deinem Arbeitsumfeld vernetzen und überlegen, wie deine Firma, deine Schule, deine Universität klimaneutral werden kann. Du kannst dich mit der Fridays-for-Future-Bewegung oder anderen Gruppen vernetzen und politisch aktiv werden, oder du kannst in einer verantwortungsvollen Position selbst dazu beitragen, dass jetzt die richtigen Schritte gegangen werden, damit sich wirklich etwas ändert und wir die Klimaziele erreichen.

Du wirst deinen Weg finden!

NACHWORT

Mit diesem einzigartigen, coolen Buch sieht und versteht jeder die enge Verbindung von Mensch, Klima und Erde. Ich habe diese Buchkreation visuell verschlungen. Es ist ein wunderbares Bilder-Buch für Jung und Alt, für Laien und Experten. Es ist ein Buch für Neugierige, für Klimamüde, für Ängstliche, für Skeptiker – ach, einfach für alle: die Menschheit. Es erklärt mit innovativen bildhaften Übersetzungen komplexer Themen und Sachinformationen, was Klima für uns Menschen und Nachhaltigkeit im System Erde bedeutet. Scribbles, Cartoons und Diagramme werden auf einzigartige Weise mit Fakten und wissenschaftlichen Erkenntnissen kombiniert. Seit mehr als vierzigtausend Jahren zeichnen die Menschen Darstellungen der Natur. Petroglyphen von Tieren, Menschen, Jagd- und Lebensszenen wurden überall auf der Welt gefunden, von Indonesien bis Europa.

Das Sehen ist der Sinn, der sich bei Tieren schon sehr früh entwickelt hat. Die ersten Proto-Augen entwickelten sich bei Tieren vor 600 Millionen Jahren, etwa zur Zeit der kambrischen Explosion. Es wird angenommen, dass die ersten menschlichen Vorfahren ihre Umwelt bereits vor 90 Millionen Jahren mit Hilfe des UV-Sehens wahrgenommen haben. Im Vergleich dazu entwickelte sich die Fähigkeit zu sprechen sehr spät, die erste Schriftsprache entstand etwa 5000 Jahre vor unserer Zeitrechnung. Die Art und Weise, wie Muster, Kontraste, Licht und Farben erkannt wurden, spiegelt sich im Überleben und Erfolg der Menschen wider. Mimik, Blickkontakt, Handgesten, Körperbewegung und Körperhaltung waren in der Gruppe, bei der Jagd und in Gefahrensituationen überlebenswichtig. In Zeiten der Coronapandemie wird unsere Abhängigkeit von visueller Kommunikation sehr deutlich. Menschen nicht beim Sprechen zu sehen, ist einfach unbefriedigend.

Das Auge und die menschliche Kulturtechnik des Lesens sind also durch die Evolution eng miteinander verknüpft.

Wie kann die Erderwärmung als existierende Bedrohung in Buchform auf Papier gebracht und neu vermittelt werden? Gefühlt erscheint jede Woche ein neues Buch zu diesem Thema. Wir werden mit Lesestoff überschwemmt, oftmals auch als schwere, beängstigende Kost für die gestressten Coronamüden. Wer soll diese Literatur überhaupt noch lesen? Steht da überhaupt noch etwas Neues drin oder haben die Medien und der Weltklimarat schon alles gesagt? Dieses Buch schafft es, genau die Lücke in der üblichen, eher optisch reizlosen Fachkommunikation oder auch nur Printmedien zu schließen, deren optische Mittel entweder Großbuchstaben, Ausrufezeichen oder dramatische Fotos sind.

Nach der Lektüre dieses visuellen und „coolen" Buches besteht die Hoffnung, dass wir mit dieser Art der Wissensvermittlung jeden Menschen erreichen können. Wir lesen nicht nur, sondern wir „sehen" die Informationen. Unser intensivster Sinn, das Sehen, wird angesprochen. Wir lernen, dass die globale Erwärmung die größte Herausforderung der Menschheit ist. Dass die Menschheit erstmals in ihrer gesamten Geschichte global stoffliche Grenzen des Heimatplaneten Erde überschreitet und sich selbst damit bedroht, ist überdeutlich. Aber ebenso klar ist, dass wir noch etwas tun können, um das Ruder herumzureißen.

Vielen Dank liebe Katharina und Co-Autoren für dieses tolle Buch zum Anschauen und Verstehen. Als Klimawissenschaftlerin, die sich tagtäglich mit dem Thema Klima, Energie und Meer beschäftigt, habe ich jede wunderbare Seite gesehen und gelesen und danke für die hervorragende Übersetzung dieses Themas.

Prof. Dr. Karen Helen Wiltshire
Alfred-Wegener-Institut, Helmholtz-Zentrum für Polar- und Meeresforschung

Literatur

Bals, C. (2002). Zukunftsfähige Gestaltung der Globalisierung – Am Beispiel einer Strategie für eine nachhaltige Klimapolitik. In: *Zur Lage der Welt*. Frankfurt a. M.: Fischer.

Bals, C. et al. (2008). *Die Welt am Scheideweg: Wie retten wir das Klima?* Hamburg: Rowohlt.

Buchal, C., & Schönwiese, C.D. (2010). *Klima – Die Erde und ihre Atmosphäre im Wandel der Zeiten*. Jülich/Frankfurt: Heraeus-Stiftung, Helmholtz-Gemeinschaft Deutscher Forschungszentren.

Levke, C., Rahmstorf, S., Robinson, A., Feulner, G., & Saba, V. (2018). Observed fingerprint of a weakening Atlantic Ocean overturning circulation. In *Nature*. doi: 10.1038/s41586-018-0006-5.

Church, J., & White, N. (2006). A 20th century acceleration in global sea-level rise. *Geophysical Research Letters*, 33, L01602.

Erdüberlastungstag. In Wikipedia. https://de.wikipedia.org/w/index.php?title=Erd%C3%BCberlastungstag&oldid=214335533. Zugegriffen: 30. Juli 2021.

Göpel, M. (2020). *Unsere Welt neu denken*. Ullstein.

Hardin, G. (1968). The tragedy of the commons. *Science 162* (3859), 1243–1248.

Hupfer, P. (1998). Klima und Klimasystem. In Lozan, J.L., H. Graßl, & P. Hupfer. *Warnsignal Klima. Wissenschaftliche Fakten* (S. 17-24). Hamburg.

Jonas, H. (1984). *Prinzip Verantwortung*. Suhrkamp.

Lenton, T.M. et al. (2008). Tipping Elements in the Earth's Climate System. In: *Proceedings of the national Academy of Sciences*, 105(6), 1786-1793.

Lesch, H., & Kamphausen, K. (2016): *Die Menschheit schafft sich ab – Die Erde im Griff des Anthropozäns*, Komplett-Media.

Meadows, D. H., Randers, J., & Meadows, D. L. (2013). *The Limits to Growth* (1972) (S. 101–116). Yale University Press.

Nordborg, H. (2019). *Das Gespenst der Fakten*. https://nordborg.ch/2019/05/29/das-gespenst-der-fakten/. Zugegriffen: 18. August 2021.

Pörtner, H.-O., Roberts, D.C., Masson-Delmotte, V., Zhai, P., Tignor, M., Poloczanska, E., Mintenbeck, K., Nicolai, M., Okem, A., Petzold, J., Rama, B., & Weyer, N. (2019). IPCC (2019): *Special Report on the Ocean and Cryosphere in a Changing Climate*.

Rahmstorf, S., & Katherine Richardson, K. (2007). *Wie bedroht sind die Ozeane?* Fischer Taschenbuch.

Rahmstorf, S., & Schellnhuber, H.J. (2018): *Der Klimawandel: Diagnose, Prognose, Therapie*. Beck'sche Reihe.

Schüring, J. (2001): *Schneeball Erde*. Spektrumdirekt.

Scorza C., Lesch H., Strähle M., & Boneberg, D. (2020). Die Physik des Klimawandels: Verstehen und Handeln. In Kircher E., Girwidz R., & Fischer H. (Hrsg.) In: *Physikdidaktik| Methoden und Inhalte*. Springer Spektrum, Berlin, Heidelberg.

Seifert, W. (2004). *Klimaänderungen und (Winter-)Tourismus im Fichtelgebirge – Auswirkungen, Wahrnehmungen und Ansatzpunkte zukünftiger touristischer Entwicklung*, Universität Bayreuth.

Steffen, W. et al. (2018). *Trajectories of the Earth System in the Anthropocene. Proceedings of the National Academy of Sciences 115* (33), 8252-8259. doi: 10.1073/pnas.1810141115.

Stocker, T. F., Qin, D., Plattner, G. K., Tignor, M. M., Allen, S. K., Boschung, J., ... & Midgley, P. M. (2014). Climate Change 2013: The physical science basis. *Contribution of working group I to the fifth assessment report of IPCC the intergovernmental panel on climate change* (1535 pp).

Swim, J.K., Stern, P.C., Doherty, T.J., Clayton, S., Reser, J.P., Weber, E.U., Gifford, R., & Howard, G.S. (2011). Psychology's contributions to understanding and addressing global climate change. *American Psychologist 66*(4), 241–250.

Trenberth, K. E., Fasullo, J. T., & Kiehl, J. (2009). *Earth's global energy budget. Bulletin of the American Meteorological Society, 90*(3), 311-324.

Trenberth K. E. (2020). Understanding climate change through Earth's energy flows, *Journal of the Royal Society of New Zealand 50*(2), 331-347. doi: 10.1080/03036758.2020.1741404.

Klimapolitik in Bayern (2021). Bayerisches Staatsministerium für Umwelt und Verbraucherschutz. https://www.stmuv.bayern.de/themen/klimaschutz/index.htm. Zugegriffen: 18. August 2021.

Wasserwirtschaft in Bayern (2021). Bayerisches Staatsministerium für Umwelt und Verbraucherschutz. https://www.stmuv.bayern.de/themen/wasserwirtschaft/index.htm. Zugegriffen: 18. August 2021.

WGBU – Wissenschaftlicher Beirat der Bundesregierung – Globale Umweltveränderungen (Schubert R., Schellnhuber H.J., Buchmann, N., Epiney, A., Grießhammer, R., Kulessa, M. E., Messner, D., Rahmstorf, S., & Schmid, J.) (2008). *Welt im Wandel – Sicherheitsrisiko Klimawandel*. Berlin, Heidelberg, New York: Springer.

WGBU – Wissenschaftlicher Beirat der Bundesregierung – Globale Umweltveränderungen (Schellnhuber H.J., Messner, D., Kraas, F., Leggewie,C., Lemke, P., Matthies, E., Nakicenovic, N., Schlacke, S., & Schneidewind, U.) (2014) *Klimaschutz als Weltbürgerbewegung* – Sondergutachten. Berlin.

WGBU – Wissenschaftlicher Beirat der Bundesregierung – Globale Umweltveränderungen (Schellnhuber H.J., Messner, D., Kraas, F., Leggewie,C., Lemke, P., Matthies, E., Nakicenovic, N., Schlacke, S., & Schneidewind, U.) (2014). *Zivilisatorischer Fortschritt innerhalb planetarischer Leitplanken – Ein Beitrag zur SDG-Debatte*. Berlin.

WGBU – Wissenschaftlicher Beirat der Bundesregierung – Globale Umweltveränderungen (Schellnhuber H.J., Messner, D., Kraas, F., Leggewie,C., Lemke, P., Matthies, E., Nakicenovic, N., Schlacke, S., & Schneidewind, U.) (2016). *Der Umzug der Menschheit – Die transformative Kraft der Städte*. Hauptgutachten. Berlin.

WGBU – Wissenschaftlicher Beirat der Bundesregierung – Globale Umweltveränderungen (Schellnhuber H.J., Messner, D., Kraas, F., Leggewie,C., Lemke, P., Matthies, E., Nakicenovic, N., Schlacke, S., & Schneidewind, U.) (2016). *Entwicklung und Gerechtigkeit durch Transformation – Die vier großen I*. Sondergutachten. Berlin.

Weber, U. *Standpunkt: Keine Ausreden mehr – jetzt die Energiewende richtig anpacken*. Tagesspiegel Background. https://background.tagesspiegel.de/energie-klima/keine-ausreden-mehr-jetzt-die-energiewende-richtig-anpacken. Zugegriffen: 22. April 2021.